三维角色场景设计

董智慧 著

清华大学出版社
北京

内 容 提 要

本书是一本讲解 3D 游戏场景和角色制作的专业图书，全书分为概论、基础知识讲解和实例制作三部分。概论部分主要对当今游戏行业的发展、游戏项目团队的架构、产品整体研发制作流程以及游戏设计师的学习规划和职业发展进行了讲解。基础知识部分主要讲解 3D 场景和角色的设计制作流程及 3ds Max 软件的基本建模操作。实例制作部分通过各种典型的游戏项目案例使读者系统地掌握 3D 游戏场景和角色的基本制作流程、方法及技巧。

本书既可作为初学者入门 3D 游戏美术制作的基础教材，也可作为高校动漫游戏设计专业或培训机构的教学用书。

图书在版编目（CIP）数据

三维角色场景设计 / 董智慧著 . —北京：清华大学出版社，2024.4

ISBN 978-7-302-65802-3

Ⅰ．①三… Ⅱ．①董… Ⅲ．①三维动画软件—教材 Ⅳ．① TP391.414

中国国家版本馆 CIP 数据核字（2024）第 056487 号

责任编辑：张彦青

封面设计：李　坤

责任校对：李玉茹

责任印制：宋　林

出版发行：清华大学出版社

　　　　　网　　　址：https://www.tup.com.cn，https://www.wqxuetang.com

　　　　　地　　　址：北京清华大学学研大厦 A 座　　　　　　　邮　　编：100084

　　　　　社 总 机：010-83470000　　　　　　　　　　　　　　邮　　购：010-62786544

　　　　　投稿与读者服务：010-62776969，c-service@tup.tsinghua.edu.cn

　　　　　质 量 反 馈：010-62772015，zhiliang@tup.tsinghua.edu.cn

印 装 者：三河市君旺印务有限公司

经　　销：全国新华书店

开　　本：185mm×260mm　　　　印　　张：15.75　　　　字　　数：383 千字

版　　次：2024 年 4 月第 1 版　　　印　　次：2024 年 4 月第 1 次印刷

定　　价：78.00 元

产品编号：083343-01

前　言

　　电子游戏是现代科技发展的产物，进入 21 世纪后由于其独特的艺术魅力而成为新时代继电影和电视之后的"第九艺术"。与其他艺术门类相比，电子游戏最大的特色就是给用户带来了前所未有的虚拟现实感官体验，它比绘画更加立体，比影像更加真实，再配以音乐声效，让人仿佛置身于一个完全真实的虚拟世界当中。

　　经过几十年的发展，当今游戏产业在全球已经形成了一个巨大的消费娱乐市场，而且其市场仍然处于未饱和状态，未来发展潜力巨大。中国游戏业相对于美国和日本起步较晚，但随着国家和政府的大力倡导及支持，其发展十分迅猛，市场产值每年翻倍提升，游戏业如今已成为中国重要的文化发展产业之一，其发展前景十分广阔。

　　游戏场景和角色是构成游戏作品的重要内容，也是初学者入门行业的必学课题。本书就选取了 3D 游戏场景和角色制作作为讲解内容，书中既有对于一线游戏行业和职业的讲解，也有对于 3D 制作软件和模型制作的基础知识讲解，更有大量实例制作的章节帮助读者在理论指导下通过实际项目案例进行系统、专业的学习。

　　本书以"一线实战"作为核心主旨，专门讲解当前一线游戏制作公司对于实际研发项目的行业设计标准和专业制作技巧，以实例制作为主要的讲解方式。在内容上，本书按照循序渐进、由浅入深的原则，从基础知识的讲解到简单实例的制作，再到复杂实例的制作，每个实例章节又包括制作前分析、实际制作与完成后总结等几部分，同时配以大量形象具体的制作截图，让读者的学习变得更加容易、直观与便捷。

　　为了帮助大家更好地学习，随书资料中包含了所有实例制作的项目源文件，并附有大量范例图片和贴图资料以供参考。由于编者水平有限，书中不足之处在所难免，恳请广大读者批评、指正。

编　者

目录
Contents

第七章　游戏角色道具模型制作

第八章　低精度游戏角色模型制作

第九章　高精度游戏角色模型制作

附录 1　**3ds Max 中英文命令对照**

附录 2　**3ds Max 软件常用快捷键列表**

附录 3　**人体骨骼肌肉结构图**

游戏美术设计概论 第一章

1.1　游戏美术的概念与风格

　　游戏美术是指在游戏研发制作中所用到的所有图像视觉元素的统称。通俗地说，凡是游戏中所能看到的一切画面都属于游戏美术的范畴，包括场景、角色、植物、动物、特效、界面等。在游戏制作公司的研发团队中，根据不同的职能又分为原画设定、三维制作、动画制作、关卡地图编辑、界面设计等不同岗位的美术设计师。

　　游戏作品通过画面效果传递视觉表达，正是因为不同风格的画面表现，才产生了如今各具特色的游戏作品，这其中起决定作用的就是作品的美术风格。游戏项目在立项后，除了策划和技术问题外，还必须要决定使用何种美术形式和风格来表现画面效果，这就需要项目组各部门共同讨论决定。

　　游戏作品的美术风格要与其主体规划相符，这需要参考策划部门的意见，如果游戏策划中项目描述的是一款中国古代背景下的游戏，那么就不能将美术风格设计为西式风格或者现代风格。另外，美术部门所选定的游戏风格以及画面表现效果还要在技术范畴之内，这需要与程序部门协调沟通，如果想象太过于天马行空，而现有的技术水平却无法实现，那么这样的方案也是行不通的。下面简单介绍一下游戏的美术风格及分类。

　　首先，从游戏题材上将游戏分为幻想风格、写实风格及 Q 版风格。例如，日本FALCOM 公司的《英雄传说》系列就属于幻想风格的游戏，游戏中的场景和建筑都要根据游戏世界观的设定进行艺术的想象和加工处理（见图 1-1）。

图 1-1　《英雄传说》的游戏角色设定

著名战争类游戏《使命召唤》则属于写实风格的游戏，游戏中的美术元素要参考现实生活中人们的环境，甚至要复制现实中的城市、街道和建筑来制作，而日本《最终幻想》系列游戏就是介于幻想和写实之间的一种独立风格。

Q版风格是指将游戏中的建筑、角色和道具等美术元素的比例进行卡通艺术化的夸张处理，例如，Q版的角色都是4头身、3头身甚至2头身的比例（见图1-2），Q版建筑通常为倒三角形或者倒梯形的设计。如今大多数的游戏都被设计为Q版风格，例如《石器时代》《泡泡堂》《跑跑卡丁车》等，其卡通可爱的特点能够迅速地吸引众多玩家，从而风靡市场。

图1-2　Q版游戏角色

其次，从游戏的画面类型来分，游戏画面通常分为像素、2D、2.5D和3D四种风格。像素风格是指游戏画面中由像素图像单元拼接而成的游戏场景，像FC平台游戏基本都属于像素画面风格，例如《超级马里奥》。

2D风格是指采用平视或者俯视画面的游戏。其实3D游戏以外的所有游戏画面效果都可以统称为2D画面，在3D技术出现以前的游戏都属于2D游戏。为了区分，这里所说的2D风格游戏是指较像素画面有大幅度提升的精细2D图像效果的游戏。

2.5D风格又称仿3D，是指玩家视角与游戏场景成一定角度的固定画面，通常为倾斜45°视角。2.5D风格也是如今常用的游戏画面效果，很多2D类的单机游戏或者网络游戏都采用这种画面效果，例如《剑侠情缘》《大话西游》等。

3D风格是指由三维软件制作出的可以随意改变游戏视角的游戏画面效果，这也是当今主流的游戏画面风格。现在绝大部分的Java手机游戏都是像素画面，智能手机和网页游戏基本都是2D或者2.5D，大型的MMO客户端游戏通常为3D或者2.5D。

随着科技的进步和技术的提升，游戏从最初的单机游戏发展为网络游戏，画面效果也从像素图像发展为如今全三维的视觉效果。但这种发展并不是遵循淘汰制的发展规律，即使在当下3D技术应用广泛的游戏时代，像素和2D画面类型的游戏仍然占有一定的市场份额。例如，韩国Neople公司研发的著名网游《地下城与勇士》就是像素化的2D网游（见图1-3），国内在线人数最多的网游排行前十中有一半是2D或者2.5D画面的游戏。

图 1-3　《地下城与勇士》的游戏画面

　　最后，从游戏的世界观和背景来区分，又可把游戏美术风格分为西式、中式和日韩风格。西式风格就是以西方欧美国家为背景设计的游戏画面美术风格。这里所说的背景不仅指环境场景的风格，还包括游戏所设定的年代、世界观等游戏文化方面的范畴。中式风格就是指以中国传统文化为背景所设计的游戏画面美术风格，这也是国内大多数游戏常用的画面风格。日韩风格是一个笼统的概念，主要指日本和韩国游戏公司所制作的游戏画面美术风格。它们多以幻想题材来设定游戏的世界观，并且善于将西方风格与东方文化相结合，所创作出的游戏带有明显标志特色，我们将这种游戏画面风格定义为日韩风格。育碧公司的著名次世代动作单机游戏《刺客信条》和暴雪（Blizzard）公司的《魔兽争霸》都属于西式风格，中国台湾大宇公司著名的"双剑"系列——《仙剑奇侠传》（见图 1-4）和《轩辕剑》都属于中式风格，韩国 EyedentityGames 公司的 3D 动作网游《龙之谷》则属于日韩风格的范畴。

图 1-4　《仙剑奇侠传》的中国风画面

1.2 游戏美术技术的发展

　　游戏美术行业是依托计算机图像技术发展起来的领域，而计算机图像技术是电脑游戏技术的核心内容，决定计算机图像技术发展的主要因素则是计算机硬件技术的发展。电脑游戏从诞生之日到今天，计算机图像技术基本经历了像素图像时代、精细二维图像时代与三维图像时代三个发展阶段。与此同时，游戏美术制作技术则遵循这个规律同样经历了程序绘图时代、软件绘图时代与游戏引擎时代三个对应的阶段。下面就来简单讲述一下游戏美术技术的发展。

❶ 像素图像时代

　　在电脑游戏发展之初，由于受计算机硬件的限制，电脑图像技术只能用像素显示图形画面。所谓的"像素"，就是用来计算数码影像的一种单位，如同摄影的相片一样，数码影像也具有连续性的浓淡阶调，若把影像放大数倍，会发现这些连续色调其实是由许多色彩相近的小方点组成，这些小方点就是构成影像的最小单位——像素。"像素"（Pixel）这个英文单词就是由 Picture（图像）和 Element（元素）两个单词的字母所组成的。

　　由于计算机分辨率的限制，当时的像素画面在今天看来或许更像一种意象图形，因为以如今的审美视觉来看这些画面实在很难分辨出它们的外观，更多的只是用这些像素图形来象征一种事物。一系列经典的游戏作品在这个时代诞生，其中有著名的《创世纪》系列和《巫术》系列（见图 1-5），有国内第一批电脑玩家的启蒙经典《警察捉小偷》《掘金块》《吃豆子》，有经典动作游戏《波斯王子》的前身《决战富士山》，甚至后来名震江湖的大宇公司蔡明宏"蔡魔头"（大宇公司《轩辕剑》系列的创始人），也于 1987 年在苹果机的平台上制作了自己第一个游戏——《屠龙战记》，这是最早一批的中文 RPG（角色扮演游戏）之一。

图 1-5　《巫术》游戏的启动画面

　　由于技术上的诸多限制，这一时代游戏的显著特点就是在保留完整的游戏核心玩法的前提下，尽量简化其他一切美术元素。游戏美术在这一时期处于程序绘图阶段，所谓的程序绘图时代大概就是从电脑游戏诞生之初到 MS-DOS 发展到中后期这个时间段。之所以定义为程序绘图，就是因为最初的电脑游戏图形图像技术落后，加上游戏内容的限制，游戏图像绘制工作都是由程序员担任的，游戏中所有的图像均为程序代码生成的低分辨率像素图像，而电脑游戏整个制作行业在当时还是一种只属于程序员的行业。

随着电脑硬件的发展和图像分辨率的提升，这时的游戏图像画面相对于之前有了显著的提高，像素图形再也不是大面积色块的意象图形，这时的像素有了更加精细的表现，尽管用现如今的眼光我们仍然很难去接受这样的图形画面，但在当时来看一个电脑游戏的辉煌时代正在悄然而至。

硬件和图像的提升带来的是创意的更好呈现，游戏研发者可以把更多的精力放在游戏规则和游戏内容的实现上面去。也正是在这个时代，不同类型的电脑游戏纷纷出现，并确立了电脑游戏的基本类型，如ACT（动作游戏）、RPG（角色扮演游戏）、AVG（冒险游戏）、SLG（策略游戏）、RTS（即时战略）等，这些概念和类型定义如今仍在使用。而这些游戏类型的经典代表作品也都是在这个时代产生的，如：AVG的典型代表作《猴岛小英雄》、《鬼屋魔影》系列、《神秘岛》系列；ACT的经典作品《波斯王子》《决战富士山》《雷曼》；SLG的著名游戏《三国志》系列、席德梅尔的《文明》系列；RTS的开始之作暴雪公司的《魔兽争霸》（见图1-6）系列以及后来的Westwood公司的C&C系列。

图1-6　经典即时战略游戏《魔兽争霸》

随着硬件的升级与变化，这时的电脑游戏制作流程和技术要求也有了进一步的发展，电脑游戏不再是最初仅仅遵循一个简单的规则去控制像素色块的单纯游戏。随着技术的整体提升，电脑游戏制作要求更复杂的内容设定，在规则与对象之外甚至需要剧本，这也要求整个游戏需要更多的图像内容来完善，在程序员不堪重负的同时便衍生出了一个全新的职业角色——游戏美术师。

对于游戏美术师的定义，通俗地说，凡是电脑游戏中所能看到的一切图像元素都属于游戏美术师的工作范畴，其中包括了地形、建筑、植物、人物、动物、动画、特效、界面等的制作。随着游戏美术师工作量的不断增大，游戏美术又逐渐细分为原画设定、场景制作、角色制作、动画制作、特效制作等不同的工作岗位。在1995年以前虽然游戏美术有了如此多的分工，但总的来说游戏美术仍旧是处理像素图像这样单一的工作，只不过随着图像分辨率的提升，像素图像的精细度变得越来越高。

❷ 二维图像时代

1995 年，微软公司代号为 Chicago 的 Windows 95 操作系统问世，这在当时的个人电脑发展史上具有跨时代的意义。在 Windows 95 诞生之后，越来越多的 DOS 游戏陆续推出了 Windows 版本，越来越多的主流电脑游戏公司也相继停止了 DOS 平台下游戏的研发，转而大张旗鼓地全力投入对于 Windows 平台下的图像技术和游戏开发。在这个转折期的代表游戏就是暴雪公司的 Diablo（《暗黑破坏神》）系列，精细的图像、绝美的场景、华丽的游戏特效，都归功于暴雪公司对于微软公司 DirectX API（Application Programming Interface，应用程序接口）技术的应用。

就在这样一个电脑图像继续迅猛发展的大背景中，像素图像技术也在日益进化、升级，随着电脑图像分辨率的提升，电脑游戏从最初 DOS 时期极限的 480×320 分辨率，到后来 Windows 时期标准化的 640×480，再到后来的 800×600、1024×768 等高精细图像。游戏的画面日趋华丽丰富，同时更多的图像特效技术加入游戏当中，这时的像素图像已经精细到肉眼很难分辨其图像边缘的像素化细节，最初的大面积像素色块的游戏图像被现在华丽精细的二维游戏图像所取代，从这时开始，游戏画面进入了 2D 图像时代。

RPG 游戏更是在这时呈现出了前所未有的百家争鸣的局面，欧美三大 RPG《创世纪》系列、《巫术》系列和《魔法门》系列给当时的人们带来了在电脑上体味 AD&D（《龙与地下城》）的乐趣，并大受玩家的好评。而这一系列经典 RPG 从 Apple II 上抽身而出，转战 PC 平台后，更是受到各大游戏媒体和全世界玩家们一致的交口称赞。广阔而自由的世界，传说中的英雄，丰富多彩的冒险旅程，忠心耿耿的伙伴，邪恶的敌人和残忍的怪物，还适时地加上一段令人神往的英雄救美的情节，正是这些元素和极强的带入感把大批玩家拉入了 RPG 那引人入胜的情节中，伴随着故事的主人公一起冒险。

这一时代的中文 RPG 也引领了国内游戏制作业的发展，从早先"蔡魔头"的《屠龙战记》开始，到 1995 年的《轩辕剑——枫之舞》和《仙剑奇侠传》（见图 1-7）为止，国产中文 RPG 经历了一个前所未有的发展高峰。从早先对 AD&D 规则的生硬模仿，到后来以中国传统武侠文化为依托，创造了一个个只属于中国人的绚丽的神话世界，吸引了大量中文地区的玩家投入其中。而其中的佼佼者《仙剑奇侠传》则通过动听的音乐、中国传统文化的深厚内涵、极富个性的人物和琼瑶式的剧情在玩家们心中留下了一个极其完美的中文 RPG 的印象，成为中文 RPG 历史上一个至今也没有被超越的高峰，成为中文游戏里的一个神话。

这时的游戏制作不再是仅靠程序员就能完成的工作了，游戏美术工作量日益庞大，游戏美术的工作分工日益细化，原画设定、场景制作、角色制作、动画制作、特效制作等专业游戏美术岗位相继出现并成为游戏图像开发必不可少的重要职业。游戏图像从先前的程序绘图时代进入了软件绘图时代，游戏美术师需要借助专业的二维图像绘制软件，同时利用自己深厚的艺术修养和美术功底来完成游戏图像的绘制工作，真正意义上的游戏美术场景设计师也由此出现，这也是最早的游戏二维场景美术设计师，以 CorelDRAW 为代表的像素图像绘制软件和后来发展成为主流的综合型绘图软件 Photoshop 都逐渐成为主流的游戏图像制作软件。

图 1-7   《仙剑奇侠传》被国内玩家奉为经典

❸ 三维图像时代

1995 年，Windows 95 诞生并在之后短短的时间里大放异彩，Windows 95 并没有太多的独创功能，但把当时流行的功能全部完美地结合在了一起，让用户对 PC 的学习和使用变得非常直观、便捷。伴随 PC 功能扩充而来的就是 PC 的普及，而普及最大的障碍就是通俗易懂的学习方式和使用方式，Windows 的出现改变了枯燥、单调的形象，而成为好像画图板一样的图形操作界面，这是 Windows 最大的功劳。正当人们还沉浸在图形操作系统带给计算机操作如此方便快捷的时候，谁都没有想到，在短短的一年之后另一个公司的一款产品将彻底改变计算机图形图像的历史，而对于电脑游戏发展史更是具有里程碑式的意义，也正是因为它的出现使得游戏画面进入了全新的 3D 图像时代。

1996 年，全世界的电脑游戏玩家目睹了一个奇迹的诞生，一家名不见经传的美国小公司一夜之间成了全世界游戏爱好者顶礼膜拜的偶像。这个图形硬件的生产商和 id Software 公司携手，在电脑业界掀起了一场前所未有的技术革命风暴，把电脑世界拉入了疯狂的 3D 时代，这就是令很多老玩家至今难以忘怀的 3dfx。3dfx 创造的 Voodoo，作为 PC 历史上最经典的一款 3D 加速显卡（见图 1-8），从诞生伊始就吸引了全世界的目光。

图 1-8   Voodoo 3D 加速显卡

拥有 6 MB EDO RAM 显存的 Voodoo 尽管只是一块 3D 图形子卡，但它所创造出来的美丽却掠走了不可思议的 85% 的市场份额，吸引了无数电脑玩家和游戏生产商死心塌地地为它服务。Voodoo 的独特之处在于它对 3D 游戏的加速并没有阻碍 2D 性能。当一个相匹配的程序运行的时候，可从第二个显卡中进行简单的转换输出。在业界许多人（包括微软在内）都怀疑人们是否愿意额外花费 500 美元去改善他们在游戏中的体验。在 1996 年的春天，计算机内存价格大跌，并且第一块 Voodoo 芯片以 300 美元的价格火爆市场。在 1996 年 2 月 3dfx 和 ALLinace 半导体公司联合宣布，在应用程序接口方面开始支持微软的 DirectX。这意味着 3dfx 不仅使用自己的 GLIDE，同时将可以很好地运行 D3D 编写的游戏。

第一款正式支持 Voodoo 显卡的游戏作品就是如今大名鼎鼎的《古墓丽影》（见图 1-9），1996 年美国 E3 展会上劳拉·克拉馥的迷人曲线吸引了所有玩家的目光，绘制这个美丽背影的 Voodoo 3D 图形卡和 3dfx 公司也开始了其传奇的旅途。在相继推出 Voodoo 2、Banshee 和 Voodoo 3 等几个极为经典的产品后，3dfx 站在了 3D 游戏世界的顶峰，所有的 3D 游戏，不管是《极品飞车》还是《古墓丽影》，甚至是高傲的《雷神之锤》，无一不对 Voodoo 系列显卡进行优化，全世界都被 Voodoo 的魅力深深吸引。

图 1-9 《古墓丽影》中劳拉角色的发展

在 Microsoft 公司推出 Windows 95 的同时，3D 化的发展也开始了。当时每个主流图形芯片公司都有自己的 API，如 3dfx 的 Glide、PowerVR 的 PowerSGL、ATI 的 3DCIF 等，这混乱的竞争局面使软／硬件的开发效率大大降低，Microsoft 公司对此极为担忧。Microsoft 公司很清楚业界需要一个通用的标准，并且最终一定会有一个通用的标准，如果不是 Microsoft 公司来做的话也会有别人来做。因此 Microsoft 公司决定开发一套通用的业界标准。

对 3D 游戏的发展影响最大的是成立于 1990 年的 id Software 公司，这家公司在 1992 年推出了历史上第一部 FPS（第一人称射击）游戏——《德军总部 3D》（见图 1-10）。这部历史上第一部 FPS 游戏并不是真正的 3D 游戏，《德军总部 3D》用 2D 贴图、缩放和旋转来营造一个 3D 环境。这是因为限于当时的 PC 技术而只能如此，虽然站在今天的角度来看这款游戏显得很粗糙，但就是这个粗糙的游戏带动了 PC 显卡技术的革新和发展。

| 1981 年 | 1992 年 | 2001 年 |

图 1-10 《德军总部 3D》系列不同年代画面的发展

1996 年 6 月，真正意义上的 3D 游戏诞生了，id 公司制作的《雷神之锤》是 PC 游戏进入 3D 时代的一个重要标志。在《雷神之锤》里，所有的背景、人物、物品等图形都是由数量不等的多边形构成的，这是一个真正的 3D 虚拟世界。《雷神之锤》出色的 3D 图形在很大程度上得益于 3dfx 公司的 Voodoo 加速子卡，这让游戏更流畅，画面也更绚丽，同时也让 Voodoo 加速子卡成为《雷神之锤》梦寐以求的升级目标。除了 3D 的画面外，《雷神之锤》在联网功能方面也得到了很大的加强，由过去的 4 人对战增加到 16 人对战。添加的 TCP/IP 等网络协议让玩家有机会和世界各地的玩家一起在 Internet 上共同对战。与此同时 id 公司还组织了各种奖金丰厚的比赛，正是 id Software 和《雷神之锤》开了当今电子竞技运动的先河。

《雷神之锤》系列作为 3D 游戏史上最伟大的游戏系列之一，其创造者——游戏编程大师约翰·卡马克，对游戏引擎技术的发展作出了前无古人的卓越贡献，从《雷神之锤 I》到《雷神之锤 II》，到后来风靡世界的《雷神之锤 III》，每一次的更新换代都把游戏引擎技术推向了一个新的极致。当《雷神之锤 II》还在独霸市场的时候，一家后起之秀 Epic 公司携带着自己的 Unreal（《虚幻》）问世，或许谁都没有想到这款用游戏名字命名的游戏引擎在日后的引擎大战中发展成了一股强大的力量，Unreal 引擎在推出后的两年内就有 18 款游戏与 Epic 公司签订了许可协议，这还不包括 Epic 公司自己开发的《虚幻》资料片《重返纳帕利》。其中比较近的几部作品如第三人称动作游戏《北欧神符》、角色扮演游戏《杀出重围》以及最终也没有上市的第一人称射击游戏《永远的毁灭公爵》，这些游戏都曾经获得不少好评。Unreal 引擎的应用范围不限于游戏制作，还涵盖了教育、建筑等其他领域，Digital Design 公司曾与联合国教科文组织的世界文化遗产分部合作采用 Unreal 引擎制作过巴黎圣母院的内部虚拟演示，Zen Tao 公司采用 Unreal 引擎为空手道选手制作过武术训练软件，另一家软件开发商 Vito Miliano 公司也使用 Unreal 引擎开发了一套名为 Unrealty 的建筑设计软件，用于房地产的演示。现如今 Unreal 引擎早已经从激烈的竞争中脱颖而出，成为当下主流的游戏引擎之一（见图 1-11）。

图 1-11　第四代虚幻引擎

从 Voodoo 的开疆拓土到 NVIDIA 的称霸天下，再到如今 NVIDIA、ATI、Intel 的三足鼎立，计算机图形图像技术进入了全新的三维时代，而电脑游戏图像技术也翻开了一个新的篇章。伴随着 3D 技术的兴起，电脑游戏美术技术经历了程序绘图时代、软件绘图时代，最终迎来了今天的游戏引擎时代。无论是 2D 游戏还是 3D 游戏，无论是角色扮演游戏、即时策略游戏、冒险解谜游戏，还是动作射击游戏，哪怕是一个只有 1 MB 的小游戏，都有这样一段起控制作用的代码，这段代码我们可以笼统地称为引擎。

当然或许最初在像素游戏时代，一段简单的程序编码我们可以称它为引擎，但随着计算机游戏技术的发展，经过不断的进化，如今的游戏引擎已经发展为一套由多个子系统共同构成的复杂系统，从建模、动画到光影、粒子特效，从物理系统、碰撞检测到文件管理、网络特性，还有专业的编辑工具和插件，几乎涵盖了开发过程中所有的重要环节，这一切所构成的集合系统才是今天真正意义上的"游戏引擎"。过去单纯依靠程序、美工的时代已经结束，以游戏引擎为中心的集体合作时代已经到来，这也是当今游戏技术领域所说的游戏引擎时代。

在 2D 图像时代，游戏美术师只是负责根据游戏内容的需要，将自己创造的美术作品元素提供给程序设计师，然后由程序设计师将所有的元素整合汇集到一起，最后形成完整的电脑游戏作品。随着游戏引擎越来越广泛地引入到游戏制作领域，如今的电脑游戏制作流程和职能分工也逐渐发生着改变，现在要制作一款 3D 电脑游戏，需要更多的人员和部门通力协作，即使是游戏美术的制作也不再是一个部门就可以独立完成的工作。

过去游戏制作的前期准备一般是指游戏企划师编撰游戏剧本和完成游戏内容的整体规划，而现在电脑游戏的前期制作除此之外，还包括游戏程序设计团队为整个游戏设计制作具有完整功能的游戏引擎（包括核心程序模组、企划和美工等各部门的应用程序模组、引擎地图编辑器等）。

制作中期相比于以前改变不大，这段时间一般就是由游戏美术师设计制作游戏所需的各种美术元素，包括游戏场景和角色模型的设计制作、贴图的绘制、角色动作动画的制作、各种粒子和特效效果的制作等。

制作后期相较以前也发生了很大改变，过去游戏制作的后期工作主要是程序员完成对游戏元素的整合，而现在游戏制作后期工作不单单是程序设计部门独自工作，越来越多的工作内容要求游戏美术师加入其中，主要包括：利用引擎的应用程序工具将游戏模型导入引擎当中，利用引擎地图编辑器完成对整个游戏场景地图的制作，对引擎内的游戏模型赋予合适的属性并为其添加交互事件和程序脚本，为游戏场景添加各种粒子特效等，而程序员也需要在这个过程中完成对游戏的整体优化。

随着游戏引擎和更多专业设计工具的出现，游戏美术师的职业要求不仅没有降低，反而表现出更加专业化、高端化的特点，这要求游戏美术师不仅要掌握更多的专业技术知识，还要广泛地学习与游戏设计相关的学科知识，更要扎实地磨炼自己的美术基本功。要想成为一名合格的游戏美术设计师非一朝一夕的事，不可急于求成，但只要找到合适的学习方法，勤于实践和练习，要想进入游戏制作行业也并非难事。

1.3　游戏场景的分类

电子游戏从早期抽象的几何图形画面发展到具象的 2D 图形画面，再到如今全 3D 的虚拟现实画面效果，游戏的视觉效果在不断进化与变革。而游戏场景作为游戏作品的重要构成部分，自然因为不同类型的游戏而有所区分。下面将从不同的方面和角度讲解当下主流的游戏场景的分类。

🎮 1.3.1　2D 游戏场景

早期的游戏由于受到技术的限制，游戏画面大多为平面视角的 2D 图像。从最早期的像素画面发展到后来日益精细的 2D 画面，在 3D 图像技术出现以后，2D 图像风格仍然继续使用，2D 与 3D 并不是发展的递进关系，而是可以共存的不同风格。即使发展到今天，面对 3D 游戏引擎所带来的强大视觉效果，2D 画面的游戏仍然层出不穷，并深受玩家的喜爱。

与标榜高度真实的 3D 游戏画面相比，2D 游戏的画面风格更加多样性，可以赋予更多的艺术表现手法，比如卡通风格、水墨风格等。2D 游戏中的美术元素通常是利用绘制来完成的，它更像是绘画美术作品，而 3D 画面则更像是一种照片表现形式。

具体到游戏场景来说，2D 游戏场景是指游戏中利用平面图片制作游戏场景效果，画面的视角为固定模式，通常采用平视或者俯视的视觉效果，早期的游戏场景基本都是 2D 场景。细分的话，2D 游戏场景可以分为卷轴类场景、俯视角 2D 场景以及 2.5D 场景三大类。

卷轴类场景又分为横版与纵版两种画面形式，这是由早期街机游戏发展而来的一种画面场景风格，多见于动作格斗类与飞行射击类游戏中。横版卷轴场景就是画面视角固定在游戏中角色的正侧面，游戏场景跟随角色前后移动进行滚动，游戏角色的移动方式类似于中国传统的皮影戏，只能进行前后 180°的转向。育碧公司出品的经典动作类游戏《雷曼》就是采用了这种画面形式，如图 1-12 所示。

图 1-12　《雷曼》采用横版卷轴类场景的画面

纵版卷轴场景就是将游戏视角锁定在游戏中操控角色的顶部，场景画面跟随游戏角色自下而上进行滚动。通常来说，纵版卷轴场景只能不断地向前进行移动，而无法返回之前的画面，这也是纵版卷轴场景与俯视角 2D 场景最大的区别。采用纵版卷轴画面的游戏多为飞行射击类游戏，图 1-13 中的经典飞行射击游戏《雷电》就采用了这种场景画面形式。

图 1-13　《雷电》采用纵版卷轴场景的画面

随着 RPG 游戏的发展和盛行，早期的卷轴类画面已无法满足游戏的需求，于是俯视角 2D 和 2.5D 场景画面开始出现，并且一直沿用至今，这也是当下最主流的 2D 画面形式。俯视角 2D 场景与纵版卷轴场景画面基本相同，最大的区别就是在俯视角 2D 场景中游戏角色可以自由移动，不会受到场景滚动的限制。

2.5D 场景又称为仿 3D 场景，是指玩家视角与游戏场景成一定角度的固定画面，通常为倾斜 45°视角。2.5D 场景并不仅仅是视角的不同，它与 2D 场景最大的区别是，2.5D 场景中的美术元素大多为 3D 模型制作，之后将制作的模型渲染导出为 2D 图片，所以 2.5D 场景画面效果要比传统的 2D 场景精致得多。同时因为介于 2D 与 3D 之间，所以将其称为 2.5D 画面（见图 1-14），早期的 MMORPG 游戏以及网页游戏大多为 2.5D 场景画面。

图 1-14　2.5D 场景画面

1.3.2　3D 游戏场景

3D 场景是指由三维软件制作出的游戏场景画面，这也是现在游戏常用的画面类型，相对于 2D 和 2.5D 场景来说，3D 画面场景可以给游戏玩家更加逼真的视觉效果和真实的临场体验，如图 1-15 所示。

图 1-15　高度真实的 3D 游戏场景画面

2D 游戏场景与 3D 游戏场景区分的依据并不是游戏画面的视角，而是游戏所采用的制作方式。2D 游戏场景中的所有美术元素一般是通过二维软件绘制出来的，2.5D 游戏中的美术元素虽然前期是通过 3D 软件进行制作的，但后期也要通过平面软件进行修图。3D 游戏场景中所有的美术元素都是通过三维制作软件进行的建模，虽然后期需要利用二维软件来绘制贴图，但整体来说 3D 游戏的制作原理和流程是与 2D 游戏截然不同的。

当下 3D 游戏场景画面又可根据视角的不同细分为固定视角、半锁定视角和全 3D 等不同的场景画面类型。固定视角 3D 场景画面是指游戏中所有的美术元素都为 3D 模型制作并通过游戏引擎即时渲染显示，但游戏中玩家所观看的场景以及角色的视角是被固定的，通常为有一定倾斜角度的俯视图，玩家只能操控游戏中的角色进行移动，无法调整和控制视角的变化。固定视角 3D 场景画面与 2.5D 场景画面十分相似，图 1-16 为采用这种画面类型的网游《暗黑破坏神 3》。

图 1-16　固定视角 3D 网游《暗黑破坏神 3》

　　半锁定视角是指玩家在游戏中可以在平面范围内进行视角的调整和转动。众所周知，在三维空间中包含X、Y、Z三个维度轴，半锁定视角就是只允许在其中两个维度所构成的平面内进行视角的变化，通常半锁定视角3D游戏也是采用有一定倾斜角度的俯视图场景画面。固定视角和半锁定视角游戏都是完全按照3D游戏的制作流程和标准进行制作的，采用这种场景视图画面的优点是，可以减少游戏资源对于硬件的负载，降低游戏需求的硬件配置标准，同时有限的视角范围可以更加深入地细化场景的细节，提高游戏画面的整体视觉效果。

　　除了以上两种3D场景画面以外，现在绝大多数3D游戏都会采用全3D的视角模式，所谓全3D视角，就是在游戏中玩家可以随意对视图进行调整和旋转，查看游戏场景中各个方位的画面。相对于固定视角和半锁定视角，全3D视角最大的不同就是玩家可以将控制的视野范围拉升，看到远景和天空等（见图1-17）。由于玩家的视野范围从平面维度扩大到了X、Y、Z三维范围，这使得游戏的制作要求和难度也大大提高，在制作模型的时候要充分考虑到各个视角的美观度和合理性，保证360°全范围无死角。对于游戏玩家来说，全3D的游戏场景视图模式可以更加直观地感受游戏虚拟世界的魅力和真实感，增强虚拟现实的体验感。随着3D游戏引擎技术的迅速发展，全3D视角游戏的制作水平也在日益提高，现在已经成为3D游戏的主流发展趋势。

　　从游戏场景制作的角度，我们把3D游戏场景分为建筑场景、室内场景和野外场景。建筑场景是指游戏中以建筑物为对象的场景，包括各类单体建筑、复合建筑、城市街道以及各种场景道具等（见图1-18）。室内场景是指游戏中建筑或者空间的内部环境场景，包括建筑室内场景、洞穴场景、地宫场景等（见图1-19）。野外场景是相对室内场景而言的，是指一切暴露在室外的空间场景。野外场景中也可以包含建筑场景和室内场景，但这里所定义的野外场景更多的是指山石草木、溪水瀑布等自然环境场景（见图1-20）。

图1-17　全3D的视角效果

图1-18　建筑场景

图1-19　室内场景

图1-20　野外场景

不同类型的游戏场景在制作方法和侧重点上也有所不同，建筑场景是以制作建筑模型为主，注重整体效果的展现；室内场景则是以制作室内结构和小物件模型为主，通过场景中道具的摆布以及灯光、特效等展现局部环境的氛围；野外场景则是以制作自然环境为主，通过地形、山水、石木等自然元素来构成整体的大地图场景。从制作的难度来划分，从高到低依次为建筑场景、室内场景、野外场景。建筑场景需要游戏美术设计师具有良好的模型构建基础，室内场景则在此基础上还需要对结构和整体氛围的营造能力，而野外场景除前两者以外，还需要对自然生态进行整体把握。

1.3.3　Q 版游戏场景

Q 版是从英文 Cute 一词发展而来的，意思为可爱、招人喜欢、萌，西方国家也经常用 Q 来形容可爱的事物。现在常见的 Q 版就是在这种思想下被创造出来的一种设计理念，Q 版化的物体一定要符合可爱和萌的定义，这种设计思维在动漫和游戏领域尤为常见。

游戏场景从画面风格上可以分为写实和卡通。写实风格主要指游戏中的场景、建筑和角色的设计制作符合现实中人们的日常审美标准，而卡通风格就是我们所说的 Q 版风格。Q 版风格通常是将游戏中建筑、角色和道具的比例进行卡通艺术化的夸张处理，例如，Q 版的角色都是 4 头身、3 头身甚至 2 头身的比例，Q 版建筑通常为倒三角形或者倒梯形的设计（见图 1-21）。

图 1-21　Q 版游戏场景

如今有大量的游戏被设计为 Q 版风格，其卡通可爱的特点能够迅速吸引众多玩家，风靡市场。最早一批进入国内的日韩游戏大多是 Q 版类型的，诸如早期的《石器时代》《魔力宝贝》等，它们的成功为 Q 版游戏风靡市场奠定了基础，之后 Q 版网游更是发展为一种专门的游戏类型。由于 Q 版游戏中角色形象设计可爱，整体画面风格亮丽多彩，因而在市场中拥有广泛的用户群体，尤其受女性用户的喜爱，成为网游中不可或缺的重要类型。

1.3.4　沙盒游戏场景

在游戏诞生以前，早期的单机游戏一般是线性的游戏流程，游戏制作者会为玩家设计各种游戏任务，通常玩家需要按照游戏剧情的设置，一步一步攻克游戏中的关卡和任务。

这种千篇一律的模式使得玩家在玩过大量游戏后容易产生厌倦感，玩家想要在固有的设计模式下获得更多的自由度，正是这种自由度的需求催生了沙盒游戏的出现。

沙盒游戏的英文名为 Sandbox Games，是一种单机游戏，游戏的核心理念是高自由度和高开放度的场景和游戏设计，游戏通常为非线性，并不强迫玩家完成特定目标，玩家可以扮演游戏中的角色，在游戏里与多种场景环境与角色进行互动。著名的沙盒游戏包括《侠盗飞车》系列、《辐射》系列和《上古卷轴》系列等。

1997 年，BioWare 公司出品的《辐射》就是最早的沙盒游戏。《辐射》最著名的特色就是超高的游戏自由度，玩家在《辐射》的游戏世界里可以做任何自己想做的事，当然玩家也要为此负责，也就是说，玩家在游戏中做的任何事都会影响游戏的进程和角色的成长。除超高的自由度以外，《辐射》还为每个角色都设置了极其复杂的属性和相互之间错综复杂的关系，让这款游戏极难上手，只有狂热的 RPG 玩家才会沉迷其中，即使如此，《辐射》还是被评为 1997 年度的最佳 RPG 游戏。

沙盒类游戏虽然是单机游戏，但它的出现为日后的游戏提供了先行理念与设计基础。从场景设计的角度来看，沙盒游戏最大的特色就是场景的高自由度和开放性，沙盒游戏的场景通常有着严格的连贯性，有些游戏更是将游戏场景设计制作成了完整无缝的地图模式，游戏玩家可以在地图的任意场景中自由走动，不受游戏剧情和关卡的限制，这与游戏场景

的设计制作理念也是完全一致的。对于现在的游戏场景来说，虽然并不是所有的游戏场景都采用无缝大地图的设计，但只要地图之间的连贯是完整的，即使在地图切换之间需要加载，我们也可以将其看作沙盒场景（见图1-22）。

图 1-22　游戏中的无缝大地图场景

1.4　游戏角色的分类　▶ ▶ ▶

任何一门艺术都有区别于其他艺术形态的显著的艺术特点，游戏的最大特征就是参与感和互动性强。它赋予玩家的参与感要远远超出以往任何一门艺术形式，因为它使玩家跳出了第三方旁观者的身份限制，从而能够真正融入作品当中。游戏作品中的角色作为其主体表现形式，承载了用户的虚拟体验过程，是游戏作品中的重要组成部分。因此，游戏作品中的角色设计直接关系到作品的质量与高度，成为游戏产品研发中的核心内容。

　　一个好的游戏角色形象往往会带来不可估量的"明星效应"，如何塑造一个充满魅力、让人印象深刻的角色是每一位游戏制作者思考和追求的重点，角色的好坏直接影响作品的受欢迎程度。图 1-23 所示为任天堂公司的明星角色马里奥。因此，设计师要绞尽脑汁为自己心中理想的角色设计出各种造型与细节，包括相貌、服装、道具、发型，甚至神态和姿势，尽量让角色的形象丰满且具有真实感。

　　从整体来说，游戏作品当中的角色分三种类型：主角、NPC 和怪物。主角是指游戏中玩家操作的游戏角色，它既包括自己操作的角色，也包括别的玩家所操作的游戏角色。NPC 是指游戏中的非玩家角色（不能与玩家发生战斗关系），通常玩家会通过 NPC 来完成某些游戏交互功能，如对话、接任务、买卖等（见图 1-24）。游戏中的怪物是指与玩家对立敌对关系的非玩家角色。通常来说，怪物与玩家之间的关系只有战斗，玩家可以通过与怪物的战斗获得升级经验和奖励等。

图 1-23　任天堂公司的明星角色马里奥

图 1-24　游戏中玩家与 NPC 之间的对话交互

　　游戏作品中的角色相对于动漫作品来说更具有客观性，它们都是以自身形象客观出现在游戏场景当中的，所以对于游戏角色的设计除了对于其自身形象的设计外，还要考虑到角色的故事背景以及所处的场景等相关信息的设定。设计师需要根据角色策划剧本，通过对文字的反复研究，从中了解游戏的整体性，然后参考各种素材和资料，对文字描述的角色进行草稿绘制，这些设定包括角色的种族、职业、性格和装备等。

　　虽然每一个游戏作品都有自己的风格和特色，但从整体来看，游戏的画面风格可以分为写实类和 Q 版两种形式，所以游戏角色的风格也可以以此进行分类。这两种风格的区别主要体现在角色的比例上，写实类游戏角色是以现实中正常人体比例为标准设计制作的，通常为 8 头身或 9 头身的完美身材比例；而 Q 版角色通常只有 3 头身到 6 头身这样的形体比例（见图 1-25）。

图 1-25　写实类和 Q 版类风格游戏角色

通过对人体基本骨骼、肌肉和形体比例的了解，然后以人类为设计衍生出各种不同种族的生物，比如精灵、矮人、兽人等。例如：精灵族身材高挑，肤色各异，居住于深山丛林之中，适应夜间作战；矮人族身材粗短，肌肉发达，用重型铠甲武装自己，喜欢冲锋陷阵；兽人族比人类略高，身材强壮，肌肉线条明显，好战嗜血，能使用各种武器，擅长地面作战（见图 1-26）。另外，对于不同种族的生物都有属于其自身的种族背景和文化，同时也有不同身份、地位和阶级等的区分。

图 1-26　游戏中不同种族的角色设定

另外，在设计游戏角色时，对于角色道具、服装和装备的设定也是设计的核心内容。在虚拟游戏里，各种角色不一定是为了保护身体才穿着衣服，服装和装备在一定程度上也能体现出角色所处环境的人文背景。这就使得设计师们在设计角色装备时，不仅要考虑如何搭配，还要想方设法地体现服饰所代表的角色性格、内涵以及身份地位，而且还要结合游戏的时代背景来设计，这样才能设计出符合游戏世界观的装备外观。而游戏中 NPC 等非玩家角色的服装和装备也能体现出角色自身的性格特点，例如，暖色调的服装和装备配色能够让角色显得热情、阳光和正面，相反，冷色调的颜色搭配会让角色显得阴险和狡诈（见图 1-27）。

图 1-27　游戏角色服装和装备设计

图 1-28 是一般游戏研发公司的职能结构图。从结构图可以看出，公司主要下设管理部、研发部和市场部三大部门，而其中体系最庞大和复杂的是游戏研发部，这也是游戏公司最核心的部门。在游戏制作部中，根据不同的技术分工又分为企划部、美术部、程序部、测试部等，而每个部门下有更加详细的职能划分，下面就针对这些职能部门进行详细介绍。

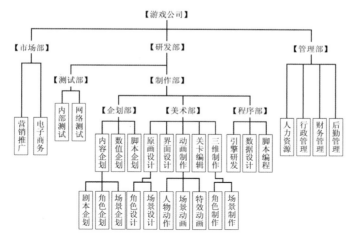

图 1-28　游戏公司职能结构图

1.5　游戏项目的研发制作流程　▶ ▶ ▶ ▶

随着硬件技术和软件技术的发展，电脑游戏和电子游戏的开发设计变得越来越复杂，游戏的制作再也不是以前仅凭几个人的力量在简陋的地下室里就能完成的工作，现在的游戏制作领域更加趋于团队化、系统化和复杂化。对于一款游戏的设计开发，尤其是三维游戏，动辄就要几十人的研发团队，通过细致的分工和协调的配合最后才能制作成一款完整的游戏作品。所以，在进入游戏制作行业前，全面地了解游戏制作中的职能分工和制作流程是十分有必要的，这不仅有助于提升游戏设计师的全面素质，而且对日后进入游戏制作公司和融入游戏研发团队都起到了至关重要的作用。下面就针对游戏公司内部以及游戏产品的整体制作流程进行介绍。

1.5.1　游戏公司的部门架构

❶ 管理部门

游戏公司中的管理部门是属于公司基础构架的一部分，其职能与其他各类公司中的职能相同，公司管理部门为公司整体的发展和运行提供了良好的保障。通常来说，公司管理部主要下设行政部、财务部、人力资源部（HR）、后勤部等。其中行政部门主要围绕公司的整体战略方针和目标展开工作，部署公司的各项行政事务，包括公司企业文化管理、制定各项规章制度、对外联络、对内协调沟通、安排各项会议、管理公司文件文档等。财务部主要负责公司财务部分的整体运行和管理，包括公司财务预算的拟订、财务预算管理、对预算情况进行考核、资金运作、成本控制、员工工资发放等。人力资源部主要依据公司的人事政策，制定并实施有关聘用、定岗、调动、解聘的制度，负责公司员工劳动聘用合同书的签订，对新员工进行企业制度培训及企业文化培训，另外，负责对员工进行绩效考核等。后勤部主要负责采购公司各类用品，管理公司的资产，以及负责各项后勤的保障工作。

❷ 研发部门

游戏公司中的研发部门是整个公司的核心部门，从整体来看主要分为制作部和测试部。其中，制作部集中了研发团队的主要核心力量，属于游戏制作的主体团队。制作部下设企划部、程序部和美术部三大部门，这种团队架构在业内被称为"Trinity（三位一体）"，或者称作"三驾马车"。

游戏企划部门在游戏制作中负责游戏整体概念和内容的设计和编写，其中包括资源企划、文案企划、关卡企划、系统企划、数值企划、脚本企划、运行企划等职位和工种。游戏程序部门负责解决游戏内的所有技术问题，其中包括游戏引擎的研发、游戏数据库的设计与构架、程序脚本的编写、游戏技术问题的解决等方面。游戏美术部门负责游戏的视觉效果表现，部门中包括角色原画设计师、场景原画设计师、UI美术设计师、游戏动画师、关卡编辑师、三维角色设计师、三维场景设计师等职位。

除了制作部外，在游戏研发部中还包括测试部门。游戏测试与其他程序软件测试一样，测试是为了发现游戏中存在的缺陷和漏洞。游戏测试需要测试人员按照产品行为描述来实施，产品的行为描述除了游戏主体源代码和可执行程序外，还包括书面的规格说明书、需求文档、产品文件（或用户手册）等。

游戏测试工作主要包括内部测试和网络测试。内部测试是游戏公司的专职测试员对游戏进行的测试和检测工作，它贯穿于整个游戏的研发过程中，属于全程式智能分工。网络测试是在游戏整体研发的最后，通过招募大量网络用户进行的半开放式测试工作，通常包括Alpha测试、Beta测试、封闭测试和公开测试四个阶段。测试部门虽然没有直接参与游戏的制作，但对于游戏产品整体的完善起到了功不可没的作用。一款成熟的游戏产品往往需要大量的测试人员，反过来说，测试部门工作的细致程度也直接决定了游戏品质的好坏。

❸ 市场部门

虚拟游戏属于文化、艺术与科技的产物，但在这之前，虚拟游戏首先作为商品而存在，这就决定了游戏离不开商业推广和市场化的销售，所以在游戏公司中市场部也是相当重要的部门。

市场部门主要负责对游戏产品市场数据的研究、游戏市场化的运作、广告营销推广、电子商务、发行渠道及相关的商业合作。这一系列工作首先要建立在对自己公司产品深入了解的基础上，通过自身产品的特色挖掘游戏的宣传点。其次还要充分了解游戏的用户群体，抓住消费者的心理、文化层次、消费水平等，有针对性地研究宣传推广方案，只有这样才能全面、成功地做到市场推广。

游戏公司市场部门下通常还设有客户服务部，简称客服部。客服部主要负责解决玩家用户在游戏过程中遇到的各种问题，是游戏公司与用户沟通交流的直接平台，也是对游戏的售后质量起到保障的关键环节。现在越来越多的游戏公司将客服作为游戏运营中的重要环节，只有全心全意地为用户做好服务工作，才能让游戏产品获得更多的市场认可和成功。

1.5.2　游戏美术的职能划分

❶ 游戏美术原画师

游戏美术原画师是指在游戏研发阶段负责游戏美术原画设计的人员。在实际游戏美术元素制作前，首先要由美术团队中的原画设计师根据策划的文案描述进行原画设定的工作。原画设定是对游戏整体美术风格的设定和对游戏中所有美术元素的设计绘图，从类型上划分，游戏原画设定又可分为概念类原画设定和制作类原画设定。

概念类游戏原画是指原画设计人员针对游戏策划的文案描述进行整体美术风格和游戏环境基调设计的原画类型（见图1-29）。游戏原画师会根据策划人员的构思和设想，对游戏中的环境、场景和角色进行创意设计和绘制。概念原画不要求绘制得十分精细，但要综合游戏的世界观背景、游戏剧情、环境色彩、光影变化等因素，确定游戏的整体风格和基调。相对于制作类原画的精准设计，概念类原画更加笼统，这也是将其命名为概念原画的原因。

图1-29　游戏场景概念原画

在概念原画确定之后，游戏基本的美术风格就确立下来了，之后就要进入实际的游戏美术制作阶段，这时首先需要开始进行制作类原画的设计和绘制。制作类原画是指对游戏中美术元素的细节进行设计和绘制的原画类型。制作类原画又分为场景原画、角色原画（见图1-30）和道具原画，分别负责对游戏场景、游戏角色和游戏道具的设定。制作类原画不仅要在整体上表现出清晰的物体结构，更要对设计对象的细节进行详细描述，这样才能便于后期美术制作人员进行实际美术元素的制作。

图 1-30　游戏角色原画设定图

　　游戏美术原画师首先需要有扎实的绘画基础和美术表现能力，要具备很强的手绘功底和美术造型能力，同时能熟练运用二维美术软件对文字描述内容进行充分的美术还原和艺术再创造。其次，游戏美术原画师还必须具备丰富的创作想象力，因为游戏原画与传统的美术绘画创作不同，游戏原画并不是对现实事物的客观描绘，它需要在现实元素的基础上进行虚构的创意和设计，所以天马行空的想象力也是游戏美术原画师不可或缺的素质和能力。最后，游戏美术原画师还必须掌握其他相关学科一定的理论知识。比如对游戏场景原画设计来说，如果要设计一座欧洲中世纪哥特风格的建筑，那么就必须具备一定的建筑学知识和欧洲历史文化背景知识。对于其他类型的原画设计来说同样如此。

❷ 二维美术设计师

　　二维美术设计师是指在游戏美术团队中负责平面美术元素制作的人员。这是游戏美术团队中必不可少的职位，无论是 2D 游戏项目还是 3D 游戏项目，都必须有二维美术设计师参与制作。

　　一切与 2D 美术相关的工作都属于二维美术设计师的工作范畴，所以严格来说，游戏原画师也是二维美术设计师。另外，UI 设计师也可以算作二维美术设计师。在游戏二维美术设计中，以上两者都属于设计类的岗位，除此之外，二维美术设计师更多的是负责实际制作类的工作。

　　通常游戏二维美术设计师要根据策划的描述文案或者游戏原画设定进行制作，在 2D 游戏项目中，二维美术设计师主要制作游戏中各种美术元素，包括游戏平面场景、游戏地图、游戏角色形象以及游戏中用到的各种 2D 素材。例如，在像素或 2D 类型的游戏中，游戏场景地图是由一定数量的图块（Tile）拼接而成，其原理类似于铺地板，每一块图块中都包含不同的像素图形，通过不同的图块自由组合拼接就构成了画面中不同的美术元素。通常来说，平视或俯视 2D 游戏中的图块是矩形的，2.5D 游戏中图块是菱形的（见图 1-31），而二维游戏美术师的工作就是负责绘制每一块图块，并利用组合制作出各种游戏场景素材。

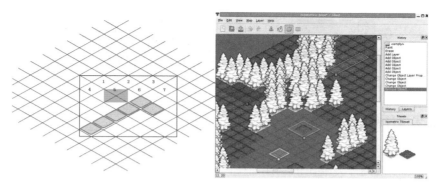

图 1-31　二维游戏场景的制作原理

　　对于像素或者 2D 游戏中的角色来说，通常我们看到的角色行走、奔跑、攻击等动作都是利用关键帧动画制作的，需要分别绘制出角色每一帧的姿态图片，然后将所有的图片连续播放就实现了角色的运动效果。我们以角色行走为例，不仅要绘制出角色行走的动态，还要分别绘制角色向不同方向行走的姿态，通常来说包括上、下、左、右、左上、左下、右上、右下等八个方向的姿态。所有动画序列中的每一个关键帧的角色素材图都需要二维美术设计师来制作。在 3D 游戏项目中，二维美术设计师主要负责平面地图的绘制、角色平面头像的绘制以及各种模型贴图的绘制（见图 1-32）等。

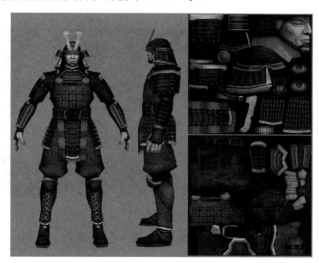

图 1-32　3D 角色模型贴图

　　另外，游戏 UI 设计也是游戏二维美术设计中必不可少的工作内容。所谓 UI，即 User Interface（用户界面）的简称，UI 设计则是指对软件的人机交互、操作逻辑、界面美观的整体设计。具体到游戏制作来说，游戏 UI 设计通常是指游戏画面中的各种界面、窗口、图标、角色头像、游戏字体等美术元素的设计和制作（见图 1-33）。好的 UI 设计不仅让游戏画面变得有个性、有风格、有品位，更让游戏的操作和人机交互过程变得舒适、简单、自由、流畅。

图 1-33　游戏 UI 设计

❸ 三维美术设计师

　　三维美术设计师是指在游戏美术团队中负责 3D 美术元素制作的人员。三维美术设计师是在 3D 游戏出现后才发展出的制作岗位，同时也是 3D 游戏开发团队中的核心制作人员。在三维游戏项目中，三维美术设计师主要负责各种三维模型及角色动画的制作。

　　对于一款三维电脑游戏来说，最主要的工作就是对三维模型的设计制作，包括三维场景模型、三维角色模型以及各种游戏道具模型等。在制作的前期需要基础三维模型进行 Demo 的制作，在中后期更需要大量的三维模型来充实和完善整个游戏主体的内容，所以在三维游戏制作领域，有大量的人力资源被要求分配到这个岗位，这些人员就是三维模型师。三维美术设计师要求具备较高的专业技能，不仅要熟练掌握各种复杂的高端三维制作软件，更要有极强的美术塑形能力（见图 1-34）。在国外专业的游戏三维美术师大多是美术雕塑系或建筑系出身，除此之外，游戏三维美术设计师还需要具备大量的相关学科的知识，例如建筑学、物理学、生物学、历史学等。

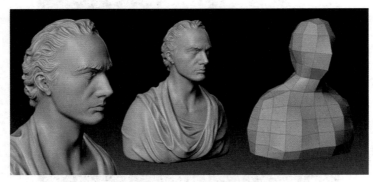

图 1-34　利用 Zbrush 雕刻角色模型

　　除了三维模型师外，三维美术设计师还包括三维动画师。这里所谓的动画制作并不是指游戏片头动画或过场动画等预渲染动画内容的制作，主要是指游戏中实际应用的动画内容，包括角色动作和场景动画等的制作。角色动作主要指游戏中所有角色（包括主角、NPC、怪物、BOSS 等）的动作流程，游戏中每一个角色都包含大量已经制作完成的规定套路动作，通过不同动作的衔接组合就形成了一个个具有完整能动性的游戏角色，而玩家控制的主角的动作中还包括大量人机交互内容。三维动画师的工作就是负责每个独立动作的调节和制作，例如角色的跑步、走路、挥剑、释放法术等（见图 1-35）。场景动画主要指游戏场景中需要应用的动画内容，比如流水、落叶、雾气、火焰等环境氛围动画，还包括场景中指定物体的动画效果，例如门的开闭、宝箱的开启、触发机关等。

图 1-35　三维角色动作调节

④ 游戏特效美术师

一款游戏产品除了基本的互动娱乐体验外，还要注重整体的声光视觉效果，游戏中的这些光影效果属于游戏特效的范畴。游戏特效美术师负责丰富和制作游戏中的各种光影视觉效果，包括角色技能（见图 1-36）、刀光剑影、场景光效、火焰闪电以及其他各种粒子特效等。

图 1-36　游戏中角色华丽的技能特效

游戏特效美术师在游戏美术制作团队中有一定的特殊性，既难将其归类于二维美术设计人员，也难将其归类于三维美术设计人员。因为游戏特效的设计和制作同时涉及二维美术和三维美术的范畴，另外，在具体的制作流程上又与其他美术设计有所不同。

对于三维游戏特效制作来说，首先要利用 3ds Max 等三维制作软件创建粒子系统，然后将事先制作好的三维特效模型绑定到粒子系统上；其次还要针对粒子系统进行贴图的绘制，贴图通常要制作成带有镂空效果的 Alpha 贴图，有时还要制作贴图的序列帧动画；最后还要将制作完成的素材导入到游戏引擎特效编辑器中，对特效进行整合和细节调整。如果是制作角色技能特效，还要根据角色的动作提前设定特效施放的流程，如图 1-37 所示。

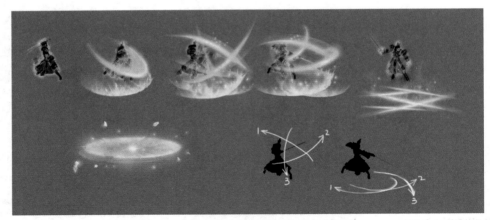

图 1-37　角色技能特效设计思路和流程图

对于游戏特效美术师来说，不仅要掌握三维制作软件的操作技能，还要对三维粒子系统有深入的研究，同时还要具备良好的绘画功底和修图能力，另外，还要掌握游戏动画的设计和制作。所以，游戏特效美术师是一个具有复杂性和综合性的游戏美术设计岗位，是游戏开发中必不可少的职位，同时入行门槛也比较高，需要从业者具备较高水平的专业能力。在一线的游戏研发公司中，游戏特效美术师通常都是具有多年制作经验的资深从业人员，其薪水待遇相应也高于其他游戏美术设计人员。

❺　地图编辑美术师

地图编辑美术师是指游戏美术团队中利用游戏引擎地图编辑器来编辑和制作游戏地图场景的美术设计人员，也被称为地编设计师。在成熟化的三维游戏商业引擎普及之前，在早期的三维游戏开发中，游戏场景中所有美术资源的制作都是在三维软件中完成的，场景道具、场景建筑模型，甚至游戏中的地形山脉都是利用模型来制作的。而一个完整的三维游戏场景包括众多的美术资源，所以用这样的方法来制作的游戏场景模型会产生数量巨大的多边形面数，不仅导入游戏的过程十分烦琐，而且制作过程中三维软件本身就承担了巨大的负载，经常会出现系统崩溃、软件跳出的现象。

随着技术的发展，在进入游戏引擎时代以后，以上所有的问题都得到了完美的解决，游戏引擎编辑器不仅可以帮助我们制作出地形和山脉的效果，而且像水面、天空、大气、光效等很难利用三维软件制作的元素都可以通过游戏引擎来完成。尤其是野外游戏场景的制作，我们只需要利用三维软件来制作独立的模型元素，其余 80% 的场景工作都可以通过游戏引擎地图编辑器来整合和制作，而其中负责这部分工作的美术人员就是地图编辑美术师。

地编设计师利用游戏引擎地图编辑器制作游戏地图场景主要包括以下几方面内容。

（1）场景地形地表的编辑和制作。

（2）场景模型元素的添加和导入。

（3）游戏场景环境效果的设置，包括日光、大气、天空、水面等。

（4）游戏场景灯光效果的添加和设置。

（5）游戏场景特效的添加与设置。

（6）游戏场景物体效果的设置。

其中，地编设计师大量的工作时间都集中在游戏场景地形地表的编辑制作上。利用游戏引擎编辑器制作场景地形其实分为两大部分——地表和山体。地表是指游戏虚拟三维空间中起伏较小的地面模型；山体则是指起伏较大的山脉模型。地表和山体是对引擎编辑器所创建同一地形的不同区域进行编辑制作的结果，两者是统一的整体，而并非对立存在。引擎地图编辑器制作山脉的原理是将地表平面划分为若干分段的网格模型，再利用笔刷进行控制，实现垂直拉高形成的山体效果或者塌陷形成的盆地效果，然后通过类似 Photoshop 的笔刷绘制方法来对地表进行贴图材质的绘制，最终实现自然的场景地形效果（见图 1-38）。

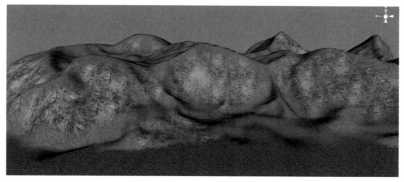

图 1-38　利用引擎地图编辑器制作的地形山脉

在实际三维游戏项目的制作中，利用游戏引擎编辑器制作游戏场景的第一步就是要创建场景地形，场景地形是游戏场景制作和整合的基础，它为三维虚拟化空间搭建出了具象的平台，所有的场景美术元素都要依托这个平台进行编辑和整合。所以，地图编辑美术师在如今的三维游戏开发中具有十分重要的地位和作用，而一个出色的地编设计师不仅要掌握三维场景制作的知识和技能，更要对自然环境和地理知识有深入的了解和认识，只有这样才能让自己制作的地图场景更加真实、自然，贴近游戏需求的效果。

1.5.3　游戏项目的制作流程

在三维软硬件技术出现以前，电脑游戏的设计与开发流程相对简单，职能分工也比较单一，如图 1-39 所示。虽然与现在的游戏制作部门相同，都分为企划、美术、程序三大部门，但每个部门中的工种职能并没有进行严格细致的划分，在人力资源分配上也比现在的游戏团队少得多。企划组负责撰写游戏剧本和游戏内容的文字描述，然后交由美术组把文字内容制作成美术素材，之后美术组把制作完成的美术元素提供给程序组进行最后的整合，同时企划组在后期也需要提供给程序组游戏剧本和对话文字脚本等内容，最后在程序组的整合下才制作出完整的游戏作品。

图 1-39 早期的游戏制作流程

在这种制作流程下，企划组和美术组的工作任务基本属于前期制作，从整个流程的中后期开始几乎都是由程序组独自承担大部分的工作量，所以当时游戏设计的核心技术人员就是程序员，而电脑游戏制作研发也被看作程序员的工作领域，如果把企划、美术、程序的人员配置比例假定为 $a:b:c$，那么当时一定是 $a<b<c$ 这样一种金字塔式的人员配置结构。

在三维技术出现以后，电脑游戏制作行业发生了巨大改变，特别是在职能分工和制作流程上与之前有了较大的不同，主要体现在以下几个方面。

（1）职能分工更加明确、细致。

（2）对制作人员的技术要求更高、更专一。

（3）整体制作流程更加先进、合理。

（4）制作团队之间的配合更加默契、协调。

特别是在三维游戏引擎技术发明并越来越多地引用到游戏制作领域后，这种行业变化更加明显。企划组、美术组、程序组三个部门的结构主体依然存在，但从工作流程来看三者早已摆脱了过去单一的线性结构，随着游戏引擎技术的引入，三个部门紧紧围绕着游戏引擎这个核心展开工作，除了三个部门间相互协调配合的工作关系外，三个部门同时都要通过游戏引擎才能完成最终成品游戏的制作开发。可以说，当今游戏制作的核心内容就是游戏引擎，只有深入研究出属于自己团队的强大的引擎技术，才能在日后的游戏设计研发中顺风顺水，事半功倍。下面详细介绍一下现在游戏制作公司普遍的游戏制作流程。

① 立项与策划阶段

立项与策划阶段是整个游戏产品项目开始的第一步，这个阶段大致占了整个项目开发周期 20% 的时间。在一个新的游戏项目启动之前，游戏制作人必须向公司提交一份项目可行性报告，这份报告在游戏公司管理层集体审核通过后，游戏项目才能正式被确立和启动。游戏项目可行性报告并不涉及游戏本身的实际研发内容，它更多地侧重于商业行为的阐述，主要用来讲解游戏项目的特色、盈利模式、成本投入、资金回报等方面的问题，用来对公司股东或投资者说明对接下来的项目进行投资的意义，这与其他各种商业项目的可行性报告的概念基本相同。

当项目可行性报告通过后，游戏项目正式启动，接下来游戏制作人需要与游戏项目的策划总监以及制作团队中其他的核心研发人员进行"头脑风暴"会议，为游戏整体的初步概念进行设计和策划，其中包括游戏的世界观背景、视觉画面风格、游戏系统和机制等。通过多次的会议讨论，集中所有人员针对游戏项目提出的各种意见和创意，之后由项目策划总监带领游戏企划团队进行游戏策划文档的设计和撰写。

游戏策划文档不仅是整个游戏项目的内容大纲，同时还涉及游戏设计与制作的各个方面，包括世界观背景、游戏剧情、角色设定、场景设定、游戏系统规划、游戏战斗机制、各种物品道具的数值设定、游戏关卡设计，等等。如果将游戏项目比作一个生命体，那么游戏策划文档就是这个生命的灵魂，这也间接说明了游戏策划部门在整个游戏研发团队中的重要地位和作用。图 1-40 所示是游戏项目研发立项与策划阶段的流程示意图。

图 1-40 游戏项目研发立项与策划阶段流程示意图

❷ 前期制作阶段

前期制作阶段属于游戏项目的准备和试验阶段，这个阶段占了整个项目开发周期 10%~20% 的时间。在这一阶段会有少量的制作人员参与项目制作，虽然人员数量较少，但各部门人员配比仍然十分合理，这一阶段也可以看作整体微缩化流程的研发阶段。

这一阶段的目标通常是要制作一个游戏 Demo，所谓游戏 Demo，就是指一款游戏的试玩样品。利用紧缩型的游戏团队来制作的 Demo 虽然并不是完整的游戏，它可能只有一个角色、一个场景或关卡，甚至只有几个怪物，但它的游戏机制和实现流程却与完整的游戏基本相同，差别只在于游戏内容的多少。通过游戏 Demo 的制作可以为后面实际游戏项目的研发积累经验，Demo 制作完成后，后续研发就可以复制 Demo 的设计流程，剩下的就是大量游戏元素的制作、添加与游戏内容的扩充。

在前期制作阶段需要完成和解决的任务还包括以下几方面。

1）研发团队的组织与人员安排

这里所说的并不是参与 Demo 制作的人员，而是后续整个实际项目研发团队的人员配置，在前期制作阶段，游戏制作人需要对研发团队进行合理和严谨的规划，为之后进入实质性研发阶段做准备。这其中包括研发团队的初步建设、各部门人员数量的配置、具体员工的职能分配等。

2）制订详尽的项目研发计划

这同样也是由游戏制作人来完成的工作，项目研发计划包括研发团队的配置、项目研发日程规划、项目任务的分配、项目阶段性目标的确定等。项目研发计划与项目策划文档相辅相成，从内外两方面来规范和保障游戏项目的推进。

3）确定游戏的美术风格

在游戏 Demo 制作的过程中，游戏制作人需要与项目美术总监和游戏美术团队共同研究和发掘符合自身游戏项目的视觉画面路线，确定游戏项目的美术风格基调。要想达成这一目标需要反复试验和尝试，甚至在进入实质研发阶段美术风格仍有可能被改变。

4）固定技术方法

在 Demo 的制作过程中，游戏制作人与项目程序总监以及程序技术团队一起研究和设计游戏的基础程序构架，包括各种游戏系统和机制的运行与实现，对于三维游戏项目来说也就是游戏引擎的研发设计。

5）游戏素材的积累和游戏元素的制作

在游戏前期制作阶段，研发团队需要积累大量的游戏素材，包括照片参考、贴图素材、概念参考等。例如，我们要制作一款中国风的古代游戏，那么就需要搜集大量的特定年代风格的建筑照片、人物服饰照片等。同样，从项目前期制作阶段开始，项目美术制作团队就可以开始大量游戏元素的制作，例如基本的建筑模型、角色和怪物模型、各种游戏道具模型，等等。游戏素材的积累和游戏元素的制作都为后面进入实质性项目研发打下基础并提供必要的准备。

❸ 游戏研发阶段

这一阶段属于游戏项目的实质性研发阶段，大致占了整个项目开发周期 50% 的时间，这一阶段是游戏研发中耗时最长的阶段，也是整个项目开发周期的核心所在。从这一阶段开始大量的制作人员加入游戏研发团队中，在游戏制作人的带领下，企划部、程序部、美术部等研发部门按照先前制订的项目研发计划和项目策划文档开始了有条不紊的制作生产。在项目研发团队中人员配置通常 5% 为项目管理人员，25% 为项目企划人员，25% 为项目程序人员，45% 为项目美术人员。实质性的游戏项目研发阶段又可以细分为制作前期、制作中期和制作后期三个时间阶段，具体的研发流程如图 1-41 所示。

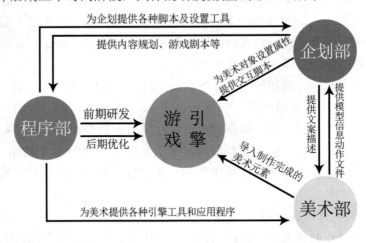

图 1-41　游戏项目实质性研发阶段流程示意图

1）制作前期

企划部、美术部、程序部三个部门同时开工，企划部开始撰写游戏剧本，进行游戏内容的整体规划。美术部中的游戏原画师开始设定游戏的整体美术风格，三维模型师根据既定的美术风格制作一些基础模型，这些模型大多用作前期引擎测试，并不是以后真正游戏中大量使用的模型，所以在制作细节上并没有太多要求。程序部在制作前期的任务最为繁重，因为他们要进行游戏引擎的研发，或者一般来说在整个项目开始以前他们就已经提前进入到了游戏引擎研发阶段，在这段时间里他们不仅要搭建游戏引擎的主体框架，还要开发许多引擎工具以供日后企划部和美术部使用。

2）制作中期

企划部进一步完善游戏剧本，内容企划开始编撰游戏内角色和场景的文字描述文档，包括主角背景设定、不同场景中 NPC 和怪物的文字设定、BOSS 的文字设定、不同场景风格的文字设定等，各种文档要同步传给美术组供其参考使用。

美术部在这个阶段要承担大量的制作工作，游戏原画师在接到企划文档后，要根据企划的文字描述开始设计绘制相应的角色和场景原画设定图，然后把这些图片交给三维制作组来制作大量游戏中需要应用的三维模型。同时三维制作组还要尽量配合动画制作组以完成角色动作、技能动画和场景动画的制作，之后美术组要利用程序组提供的引擎工具把制作完成的各种角色和场景模型导入游戏引擎当中。另外，关卡地图编辑师要利用游戏引擎编辑器开始着手各种场景或者关卡地图的编辑绘制工作，而界面美术师也需要在这个阶段开始游戏整体界面的设计绘制工作。图 1-42 所示为游戏产品研发中期美术部门的具体分工流程。

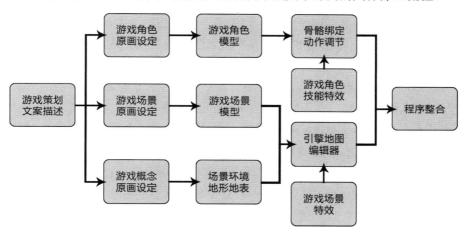

图 1-42　游戏美术部门研发流程

由于已经初步完成了整体引擎的设计研发，程序部在这个阶段的工作量相对减轻，可以继续完善游戏引擎和相关程序的编写工作，同时解决美术部和企划部反馈的问题。

3）制作后期

企划部把已经制作完成的角色模型利用程序提供的引擎工具赋予其相应的属性，脚本企划同时要配合程序组进行相关脚本的编写，数值企划则要通过不断的演算测试调整角色属性和技能数据，并不断地对其中的数值进行平衡化处理。

美术部中的原画组、模型组、动画组则延续制作中期的工作任务，要继续完成相关设计、三维模型及动画的制作，同时要配合关卡地图编辑师进一步完善关卡和地图的编辑工作，并加入大量的场景效果和后期粒子特效，界面美术设计师则继续对游戏界面的细节部分做进一步的完善和修改。

程序部在这个阶段要对已经完成的所有的游戏内容进行最后的整合，完成大量人机交互内容的设计制作，同时要不断地优化游戏引擎，并要配合另外两个部门完成相关工作，最终制作出游戏的初级测试版本。

④ 游戏测试阶段

游戏测试阶段是游戏上市发布前的最后阶段，占了整个项目开发周期 10%~20% 的时间。在游戏测试阶段的主要工作是寻找和发现游戏运行过程中存在的各种问题和漏洞，这既包括游戏美术元素以及程序运行中存在的各种直接性 BUG，也包括因策划问题所导致的游戏系统和机制的漏洞。

事实上，对于游戏产品的测试并不是只在游戏测试阶段才展开的，测试工作贯穿于产品研发的全程，研发团队中的内部测试人员随时要对已经完成的游戏内容进行测试，内部测试人员每天都会向研发团队中的企划、美术、程序等部门反馈测试问题报告，这样游戏中存在的问题会得到即时解决，不至于让所有问题都堆积到最后，减少了最后游戏测试阶段的工作压力。

游戏测试阶段的任务更侧重于对游戏整体流程的测试和检验，通常来说，游戏测试阶段分为 Alpha 测试和 Beta 测试两个阶段。当游戏产品的初期版本基本完成后，就可以宣布进入 Alpha 测试阶段了，Alpha 版本的游戏基本上具备了游戏预先规划的所有的系统和功能，游戏的情节内容和流程也应该基本到位。Alpha 测试阶段的目标是将以前所有的临时内容全部替换为最终内容，并对整个游戏体验进行最终的调整。根据测试部门反馈的问题，研发团队要及时修改游戏内容，并不断地更新游戏的版本序号。

正常来说，处于 Alpha 测试阶段的游戏产品不应该出现大规模的 BUG，如果在这一阶段研发团队还面临大量的问题，则说明先前的研发阶段存在重大漏洞，如果出现这样的问题，游戏产品应该终止测试，转而"回炉"重新进入研发阶段。如果游戏产品基本通过 Alpha 测试，就可以转入 Beta 测试阶段了。一般处于 Beta 状态的游戏不会再添加大量新内容，此时的工作重点是对游戏产品的进一步整合和完善。相对来说，Beta 测试阶段的时间要比 Alpha 阶段短，之后就可以对外发布游戏产品了。

如果是游戏，在封闭测试阶段之后，还要在网络上招募大量的游戏玩家展开游戏内测。在内测阶段，游戏公司邀请玩家对游戏的运行性能、游戏设计、游戏平衡性、游戏 BUG 以及服务器负载等进行多方面测试，以确保游戏正式上市后能顺利运行。内测结束后即进入公测阶段，内测资料在进入公测后通常是不保留的，但现在越来越多的游戏公司为了奖励内测玩家，采取公测奖励措施或直接进行不删档内测。对于计时收费的游戏而言，公测阶段通常采取免费方式，而对于免费网游，公测即代表游戏正式上市发布。

1.6 游戏美术设计师就业前景

随着计算机和网络技术的发展，人们对视觉享受和娱乐的要求越来越高。全球最大的娱乐产品输出国美国，每年的动漫游戏作品和衍生产品的产值达 80 亿美元。日本则是通过动画片、漫画书和电子游戏三者的商业组合，成为全球产量最大的动画大国，年营业额超过 100 亿美元，即便是后起之秀的韩国其动画产业值也仅次于美国和日本，生产量占全球的 30%，是中国的 30 倍，也正是与发达国家存在差距，为我国的动漫游戏行业的发展提供了广阔的空间。

中国的游戏业起步并不算晚，从 20 世纪 80 年代中期我国台湾游戏公司崭露头角到 20 世纪 90 年代国内大陆大量游戏制作公司的出现，中国游戏业也发展了 30 多年的时间。在 2000 年以前，由于市场竞争和软件盗版问题，中国游戏业始终处于旧公司倒闭与新公司崛起的快速新旧更替之中，当时由于行业和技术限制，几个人的团队便可以组在一起去开发一款游戏，研发团队中的技术人员也就是中国最早的游戏制作从业者，当游戏公司运作出现问题或者倒闭后，他们便会进入新的游戏公司继续从事游戏研发工作。所以，早期游戏行业中从业人员的流动基本属于"圈内流动"，很少有新人进入这个领域，或者说很难进入这个领域。

2000 年以后，中国网络游戏开始崛起并迅速发展成为游戏业内的主流力量，由于新颖的游戏形式以及可以完全避免盗版的困扰，国内大多数游戏制作公司开始转型为网络游戏公司，同时也出现了许多大型的专业网络游戏代理公司，如盛大、九城等。随着硬件设备和软件技术的发展，网络游戏的研发再也不是单凭几个人就可以完成的项目，它需要大量专业的游戏制作人员，之前的"圈内流动"模式显然不能满足从业市场的需求，游戏行业第一次降低了入行门槛，于是许多相关领域的人士，如建筑设计行业、动漫设计行业以及软件编程人员等都纷纷转行进入这个朝气蓬勃的新兴行业当中。然而对于许多大学毕业生或者完全没有相关从业经验的人来说，游戏制作行业仍然属于高精尖技术行业，一般很难达到其入行门槛，所以国内游戏行业从业人员开始了另一种形式上的"圈内流动"。

从 2004 年开始，由于世界动漫及游戏产业发展迅速，国家政府高度关注和支持国内相关产业，大量民办动漫游戏培训机构如雨后春笋般出现，一些高等院校也陆续开设电脑动画设计和游戏设计类专业，这使得那些怀揣着游戏梦想的人无论从传统教育途径还是社会办学途径，都可以很容易地接触到相关的专业培训，之前的"圈内流动"现象彻底被打破，国内游戏行业的入行门槛放低到了空前的程度。

我们先来看一组数据：2009 年中国网络游戏市场实际销售额为 256.2 亿元，同比增长 39.4%。2011 年，中国网络游戏市场规模为 468.5 亿元，同比增长 34.4%。其中，互联网游戏为 429.8 亿元，同比增长 33.0%；移动网游戏为 38.7 亿元，同比增长 51.2%。近年来，我国游戏市场规模仍保持着 17% 以上的增长速度，从游戏实际收入来看，2018 年，我国游戏行业实际销售收入达 2144.4 亿元，同比增长 22.98%。其中，中国移动游戏细分市场占比最大，达 62.5%；其次是客户端游戏，占比为 28.9%。2019 年，网络游戏市场规模已达到 2624 亿元（见图 1-43）。相对于全世界来说，中国的游戏行业一直处于飞速发展阶段，因此对于专业人才的需求一直居高不下。

在游戏制作公司中，游戏研发人员主要包括三部分：企划、程序和美术。在美国，这三种职业所享受的薪资待遇从高到低分别为程序、美术、企划，游戏美术设计师可以拿到的年薪平均在 10 万~15 万美元。在国内，由于地域和公司的不同，薪资的差别比较大，但整体来说薪资水平从高到低仍然是程序、美术、企划。对于行业内人员需求的分配比例来说，从高到低依次为美术、程序、企划，所以综合考虑，游戏美术设计师在游戏制作行业是非常好的就业选择，其职业前景也十分光明。

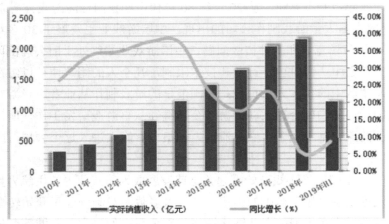

图 1-43　2010—2019 年上半年中国游戏市场实际销售收入及增长情况

　　2010 年以前，中国网络游戏市场一直是客户端网游的天下，但近两年网页游戏、手机游戏发展非常快，网页游戏逐渐成为网络游戏的主力，由于智能手机和平板电脑的快速普及，移动游戏同样发展迅速。2010 年移动游戏实际销售收入为 1.5 亿元，2013 年上升到 112.4 亿元，增长率高达 246.9%，2018 年销售收入为 1339.6 亿元（见图 1-44）。未来，移动电子竞技将成为未来市场增长的主要推动力，移动电子竞技时代到来了。面对如此广阔的市场前景，游戏美术设计从业人员可以根据自己的特长和所掌握的专业技能来选择适合的就业方向，众多的就业路线和方向大大拓宽了游戏美术设计从业者的就业范围，无论选择哪一条道路，通过自己不断的努力最终都会在各自的岗位上绽放出绚丽的光芒。

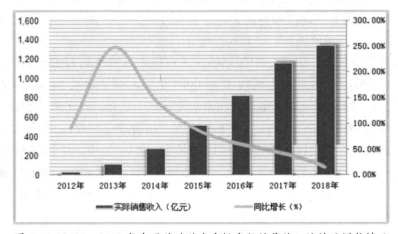

图 1-44　2012—2018 年中国移动游戏市场实际销售收入统计及增长情况

第二章

3ds Max 软件建模基础

2.1　3ds Max 软件的安装、操作与建模

　　3ds Max 的全称为 3D Studio Max，是 Autodesk 公司开发的基于 PC 系统的三维动画渲染和制作软件，其前身是基于 DOS 操作系统的 3D Studio 系列软件。在 Windows NT 出现以前，工业级的 CG 制作被 SGI 图形工作站垄断，而"3D Studio Max + Windows NT"组合的出现降低了 CG 制作的门槛。

　　作为元老级的三维制作软件，3ds Max 和 Maya 一样都是具有独立完整的设计功能的三维制作软件，广泛应用于广告、影视、工业设计、建筑设计、多媒体制作、游戏、辅助教学以及工程可视化等领域。在影视、广告、工业设计方面，3ds Max 的优势相对来说可能没有那么明显，但由于其堆栈操作简单便捷，再加上强大的多边形编辑功能，3ds Max 在建筑设计方面显示出了独一无二的优势。Autodesk 公司较为完善的建筑设计解决方案——Autodesk Building Design Suite（建筑设计套件）选择 3ds Max 作为主要的三维制作软件，由此可见 3ds Max 在三维建筑设计领域的优势和地位。而在国内发展相对比较成熟的建筑效果图和建筑动画制作领域中，3ds Max 更是占据了很大的优势。

　　由于游戏引擎和程序接口等方面的原因，国内大多数游戏公司选择 3ds Max 作为主要的三维游戏美术设计软件，对于三维游戏场景美术制作来说，3ds Max 更是首选软件。在进一步强化 Maya 整体功能的同时，Autodesk 公司并没有停止对 3ds Max 的研究与开发，每一代的更新都是在强化原有系统的基础上增加了实用的新功能，同时还应用了 Maya 的部分优秀理念，使 3ds Max 成为更加专业和强大的三维制作软件。本章将带领大家详细了解 3ds Max 软件的操作基础。

2.1.1　3ds Max 软件的安装

　　用户可以登录 Autodesk 的官方网站，从中下载 3ds Max 的最新版安装程序，新版下载软件可以免费试用 30 天。随着微软 Windows 64 位操作系统的普及，3ds Max 软件从 9.0 版开始分为 32 位和 64 位两种软件版本，用户可以根据自己的电脑硬件配置和操作系统自行选择安装适合的版本。

　　与其他图形设计类软件一样，3ds Max 的安装程序也采用了人性化、便捷化的安装流程，

整体的安装方法和步骤十分简单。下面以 3ds Max 2022 为例来讲解 3ds Max 的安装过程。

（1）双击 3ds Max 软件安装程序的图标，启动运行安装程序界面。与其他软件的安装一样，接下来会弹出"许可及服务协议"的阅读文档界面，选中"我同意使用条款"复选框，并单击"下一步"按钮，继续软件的安装（见图 2-1）。

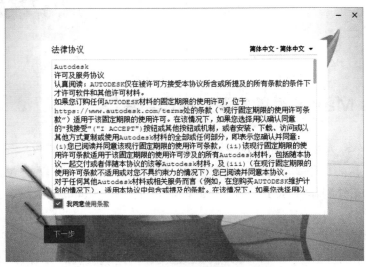

图 2-1　"许可及服务协议"界面

（2）此时会弹出产品信息界面，需要选择购买产品的注册认证类型，包括单机版和联机版，使用 PC 的用户通常选择单机版。下面是产品信息的注册，需要填写正版软件产品的序列号及产品密钥。如果还没有购买正版软件，可以选择免费试用。

（3）在接下来的界面中选择软件的安装路径，可以选择默认路径，也可以自行选择安装路径，然后单击"下一步"按钮（见图 2-2）。

图 2-2　选择安装路径

（4）这时弹出 3ds Max 组件安装界面，包括一些软件所附带的常规组件，例如材质库等（见图 2-3）。可以根据自己的需要选择安装，选择完成后单击"安装"按钮，即可激活软件的安装过程（见图 2-4）。

图 2-3　组件安装界面

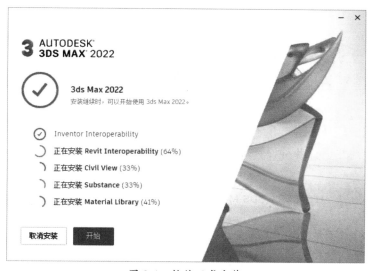

图 2-4　软件正式安装

（5）等软件全部安装完成后，我们可以在桌面的安装目录里找到 3ds Max，然后选择相应的语言版本，如"Simplified Chinese"或"English"。如果购买了正版软件，还需要对其进行激活操作。在"Autodesk 隐私保护政策"界面中选中"我已阅读 Autodesk 隐私保护政策，并同意我的个人数据依照该政策使用、处理和存储（包括该政策中说明的跨国传输）"复选框并单击"继续"按钮（见图 2-5）。

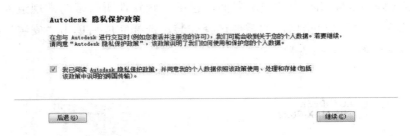

图 2-5　"Autodesk 隐私保护政策"界面

（6）此时将弹出 3ds Max 正版注册及激活界面，由于之前已经输入了产品序列号及密钥，所以可以直接选中"立即连接并激活！（建议）"单选按钮，也可以在下方输入 Autodesk 提供的激活码来激活软件（见图 2-6）。

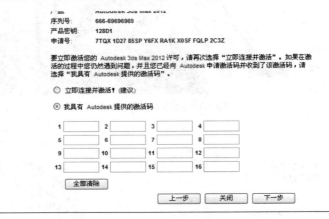

图 2-6　产品许可激活页面

至此，已完成软件安装的所有步骤，接下来就可以从系统菜单中选择相应的语言版本启动 3ds Max 软件并进行各种设计和制作工作了（见图 2-7）。

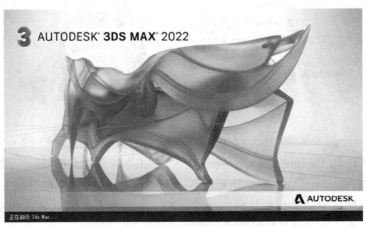

图 2-7　3ds Max 2022 软件启动界面

2.1.2　3ds Max 软件界面讲解

双击 3ds Max 软件的图标启动软件，打开的窗口就是 3ds Max 的操作主界面，3ds Max 的界面从整体来看主要分为菜单栏、快捷按钮区、快捷工具菜单、工具命令面板区、动画与视图操作区以及视图区六大部分（见图 2-8）。

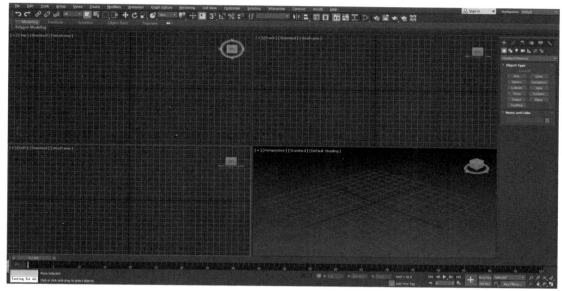

图 2-8　3ds Max 的操作主界面

3ds Max 2010 版本以后，软件在建模、材质、动画、场景管理以及渲染方面较之前都有了大幅度的变化和提升。其中，窗口及 UI 较之前的软件版本变化很大，但大多数功能对于三维游戏场景建模来说并不是十分必要，而基本的多边形编辑功能并没有很大的变化，只是在界面和操作方式上做了一些改动。因此在软件版本的选择上并不一定要用新版，还是要综合考虑个人电脑的配置、实现性能和稳定性的良好协调。

对于三维游戏场景美术制作来说，主界面中最常用的是快捷按钮区、工具命令面板区以及视图区。菜单栏中虽然包含众多命令，但实际建模操作中用到的很少，菜单栏中常用的几个命令也基本包括在快捷按钮区中，只有 File（文件）和 Group（群组）菜单比较常用。

File 菜单就是主界面左上角的 3ds Max Logo 按钮，单击弹出"文件"菜单（见图 2-9）。"文件"菜单中包括 New（新建）、Reset（重置）、Open（打开）、Save（保存）、Save As（另存为）、Import（输入）、Export（输出）、Send to（发送）、References（参考）、Manage（项目管理）、Properties（文件属性）等命令。其中，Save As 命令可以帮助我们在制作大型场景的时候，将当前场景文件进行备份；Import 命令和 Export 命令可以让模型以不同的文件格式进行导入和导出。另外，文件菜单右侧会显示用户最近打开过的 3ds Max 文件。

3ds Max 菜单栏的第四项是 Group（群组）菜单（见图 2-10），在菜单列表中有 8 个命令，其中前 6 个是常用命令，包括 Group（编组）、Ungroup（解组）、Open（打开组）、Close（关闭组）、Attach（结合进组）、Detach（分离出组）。

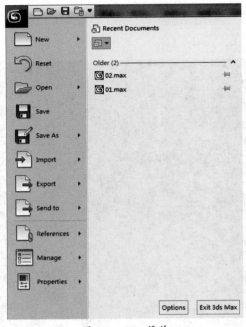

图 2-9　File 菜单

图 2-10　Group 菜单

　　Group（编组）：选中想要编辑成组的所有的模型物体，单击 Group 命令就可以将其编辑成组。所谓的组就是指模型物体的集合，成组后的模型物体将变成一个整体，遵循整体命令操作。

　　Ungroup（解组）：与 Group 命令恰恰相反，是将选中的编组解体的操作命令。

　　Open（打开组）：如果在模型编辑成组以后还想要对其中的个体进行操作，那么就可以利用这个命令。组被打开以后模型集合周围会出现一个粉红色的边框，这时就可以对其中的个体模型进行编辑操作。

　　Close（关闭组）：与 Open 命令相反，是将已经打开的组关闭的操作命令。

　　Attach（结合进组）：如果想要把一个模型加入已经存在的组，可以利用这个命令。其具体操作为，选中想要进组的模型物体，单击 Attach 命令，然后单击组或者组周围的粉红色边框，这样模型物体就加入到了已存在的编组当中。

　　Detach（分离出组）：与 Attach 命令相反，是将模型物体从组中分离的操作命令。首先需要将组打开，选中想要分离出组的模型物体，然后单击 Detach 命令，这样模型物体就从组中分离出去了。

　　Explode（炸组）和 Assembly（组装）命令在游戏制作中很少使用，这里不做过多讲解。

　　"编组"命令在制作大型场景的时候非常有用，可以更加方便地对场景中的大量模型物体进行整体操作和局部操作。接下来详细讲解快捷按钮区的每一组按钮。

❶ 撤销与物体绑定按钮组

撤销与物体绑定按钮组如图 2-11 所示。

图 2-11　撤销与物体绑定按钮组

Undo（撤销）按钮：这个按钮用来取消刚刚进行的上一步操作，当自己感觉操作有误想返回前一步操作的时候可以执行这个命令，快捷键是 Ctrl+Z。3ds Max 默认的撤销步数为 20 步。其实这个数值是可以设置的，在菜单栏的"Customize（自定义）"一栏中选择"Preferences（参考设置）"选项，在"General（常规）"选项卡的第一项"Scene Undo Levels（撤销场景步数）"中即可设置自己想要的数值（见图 2-12）。

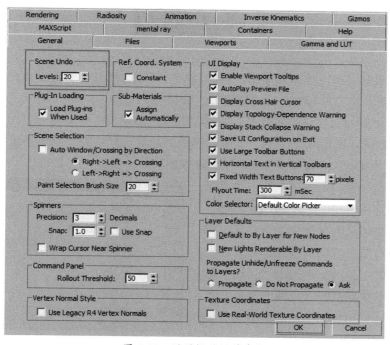

图 2-12　设置撤销场景步数

Redo（取消撤销）按钮：当执行撤销命令后，想取消撤销操作并返回最后一步操作时可以执行此命令，快捷键为 Ctrl+Y。

Select and Link（物体选择与绑定）按钮：假设在场景中有 A 物体和 B 物体，想要让 B 成为 A 的附属物体，并且在 A 进行移动、旋转、缩放的时候 B 也随之进行，那么就要应用此命令。其具体操作为：先选中 B 物体，单击"绑定"按钮，然后将鼠标指针移动到 B 物体上出现绑定图标，按住鼠标左键拖曳到 A 物体上即完成绑定操作。此时 B 物体成为 A 物体的子级物体，同样，A 物体就成为 B 物体的父级物体，在层级关系列表中也可查看。父级物体能影响子物体，反之则不可。

该命令在游戏场景的制作中十分重要，比如在一个复合场景建筑中，把一座宫殿和它附属的回廊、阙楼以及相关建筑绑定到一起，对于场景的整体操作将变得十分方便快捷。"Group（群组）"命令也有异曲同工的作用。

Unlink Selection（取消绑定）按钮：假设 A 物体和 B 物体之间存在绑定关系，如果想要取消它们之间的绑定则可以应用此命令。其具体操作为：同时选中 A 物体和 B 物体，单击此按钮就可将绑定关系取消。

Band to Space Warp（空间绑定）按钮：主要针对 3ds Max 的空间和力学系统，在游戏场景制作中较少会涉及，所以这里不做详细讲解。

❷ 物体选择按钮组

物体选择按钮组如图 2-13 所示。

图 2-13　物体选择按钮组

Select Object（选择物体）按钮：通常鼠标为指针的状态下就是物体选择模式，单个单击为单体选择，拖曳鼠标可进行区域选择，快捷键为 Q。

Select by Name（物体列表选择）按钮：在复杂的场景文件中可能包含几十、上百甚至几百个模型物体，要想用通常的方式来快速找到想要选择的物体几乎不可能，而通过物体列表将所选物体的名字输入便可立即找到该模型物体，快捷键为 H。

物体列表选择窗口上方从左往右为显示类型，依次为几何模型、二维曲线、灯光、摄像机、辅助物体、力学物体、组物体、外部参照、骨骼对象、容器、被冻结物体以及隐藏物体，右侧的三个按钮分别为全部选择、全部取消选择和反向选择（见图 2-14）。通过分类选择可以更加快速地找到想要选择的物体。

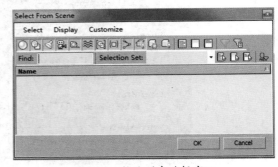

图 2-14　物体列表选择窗口

Rectangular Selection Region（区域选择）按钮：在鼠标指针呈选择状态下单击拖动即可出现区域选择框，对多个物体进行整体选择。按住"区域选择"按钮会出现按钮下拉列表，可以选择不同的区域选择方式，依次分别为矩形选区、圆形选区、不规则直线选区、曲线选区和笔刷选区（见图 2-15）。

图 2-15　区域选择方式

Window/Crossing（半选 / 全选模式）按钮：默认状态下为半选模式，即与复选框接触到就可以被选中。单击按钮进入全选模式，在全选模式下物体必须全部纳入复选框内才能被选中。

❸ 物体基本操作与中心设置按钮组

物体基本操作与中心设置按钮组如图 2-16 所示。

图 2-16 物体基本操作与中心设置按钮组

Move（移动）按钮：选择物体后单击此按钮便可在 X、Y、Z 三个轴向上完成物体的移动操作，快捷键为 W。

Rotate（旋转）按钮：选择物体后单击此按钮便可在 X、Y、Z 三个轴向上完成物体的旋转操作，快捷键为 E。

Scale（缩放）按钮：选择物体后单击此按钮便可在 X、Y、Z 三个轴向上完成物体的缩放操作，快捷键为 R。

以上三种操作是 3ds Max 中模型物体最基本的三种操作方式，也是最常用的操作命令。在三个按钮下右键单击会出现参数设置窗口，可以通过数值控制的方式对模型物体进行更精确的移动、旋转和缩放操作。

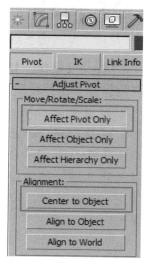

Use Pivot Point Center（中心设置）按钮：单击该按钮会出现下拉列表，分别为将全部选择物体的中心设定为物体各自重心的中心点、将全部选择物体的中心设定为整体区域中心、将全部选择物体的中心设定为参考坐标系原点。

这里涉及一个小技巧，如果物体的重心出现偏差，不在原来自身的重心位置怎么办？在主界面右侧的工具面板区域中，选择第三个"Hierarchy（层级）"面板，然后在第一个标签栏"Pivot（重心）"下可以进行相应的设置，同时，还可以重置物体重心（见图 2-17）。

图 2-17 物体重心的设置

❹ 捕捉按钮组

捕捉按钮组如图 2-18 所示。

图 2-18 捕捉按钮组

Snaps（捕捉）分为 Standard（标准）捕捉和 Nurbs 捕捉，在每种捕捉中都可以捕捉到一些特定的元素，比如在标准捕捉中可以捕捉顶点、中点、面、垂足等元素，这些可以在

Grid and Snap Settings（栅格和捕捉设置）对话框中进行设置（见图 2-19）。对于具体的设置这里不做过多讲解，仅针对性地讲一下游戏场景制作中经常用到的一个命令设置——按设定角度旋转命令。通过对"Angle（角度）"参数的设置，可以让选中的物体按事先设定角度的倍数进行旋转操作，这对于模型操作中大幅度旋转和精确旋转非常有用。

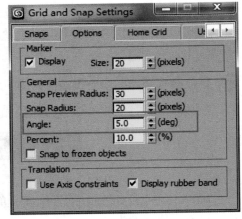

图 2-19　设定按角度旋转

❺ 镜像与对齐按钮组

镜像与对齐按钮组如图 2-20 所示。

图 2-20　镜像与对齐按钮组

Mirror（镜像）按钮：将选择的物体进行镜像复制，选择物体并单击此按钮后会出现镜像设置窗口（见图 2-21），可以设置镜像的 Mirror Axis（参考轴向）、Offset（镜像偏移）以及 Clone Selection（克隆方式）等。在克隆方式中如果选择第一项"No Clone（不进行克隆）"，那么最终将选择的物体进行镜像后不会保留原物体。如果想要对多个物体进行整体镜像，可以将全部物体编辑成组后再进行镜像操作。

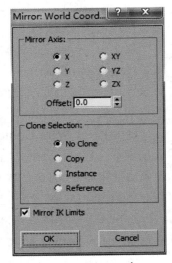

图 2-21　镜像设置窗口

Align（对齐）按钮：假如有 A 物体和 B 物体，选择 A 物体然后单击"对齐"按钮，在 B 物体上单击便会出现对齐设置窗口，可以设置对齐轴向和对齐方式（见图 2-22）。在"Align Position（对齐位置）"选项组中，上面三个复选框分别为按照 X、Y、Z 三个相应轴向进行对齐操作，下面 Current Object 为当前选择物体，Target Object 为目标对齐物体，下面选框中的选项表示分别按照不同的对齐方式进行对齐操作，常用的为 Pivot Point（重心点）对齐。

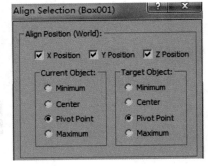

图 2-22　对齐设置窗口

Graphite Modeling Tools（石墨工具）：用来显示和关闭石墨快捷工具菜单。这是3ds Max 2010 版本后加入的新功能，主要以更加快捷直观的操作方式进行模型编辑和制作，其中的命令和参数与堆栈参数编辑面板中的一致，所以这里不做过多讲解，具体内容在后面的模型制作章节会详细讲解。

层级及动画编辑按钮：在游戏场景制作中较少应用，这里不做过多讲解。

Material Editor（材质编辑器）按钮：此按钮用来开启材质编辑器，对模型物体的材质和贴图进行相关设置，快捷键为 M。具体内容会在后面的贴图制作章节详细讲解。

Quick Render（快速渲染）按钮：将所选视图中的模型物体用渲染器进行快速预渲染，快捷键为 Shift+Q。这里主要用于 CG 及动画制作，游戏画面一般采用游戏引擎即时渲染的方式，所以对渲染方面的设置这里不做过多讲解。

2.1.3　3ds Max 软件视图操作

视图作为 3ds Max 软件中的可视化操作窗口，是三维制作中最主要的工作区域，熟练掌握 3ds Max 的视图操作是日后游戏三维美术设计制作最基础的能力，而操作的熟练程度也直接影响着项目的工作效率和进度。

在 3ds Max 软件界面的右下角就是视图操作按钮，按钮不多，却涵盖了几乎所有的视图基本操作，但在实际制作中这些按钮的实用性并不大，因为如果仅靠按钮来完成视图操作，那么整体制作效率将大大降低。在实际三维设计和制作中，更多的是用每个按钮相应的快捷键来代替单击按钮操作，能熟练运用快捷键来操作 3ds Max 软件也是游戏三维美术师的基本标准之一。

3ds Max 的视图操作从宏观来概括主要包括以下几个方面：视图选择与快速切换、单视图窗口的基本操作以及视图中右键菜单的操作。下面针对这几个方面做详细讲解。

❶ 视图选择与快速切换

3ds Max 软件中的视图默认的经典模式是"四视图"，即顶视图、正视图、侧视图和透视图。但这种四视图的模式并不是唯一、不可改变的。单击视图左上角的"+"按钮，在弹出的下拉菜单中选择 Configure Viewports 选项，会出现视图设置窗口，在 Layout（布局）选项卡中就可以选择自己喜欢的视图样式（见图 2-23）。

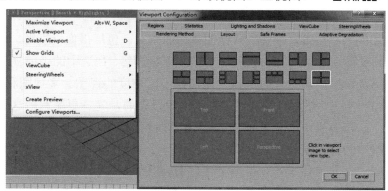

图 2-23　视图布局设置

在游戏场景制作中，最常用的多视图格式还是经典四视图模式，因为在这种模式下不仅能显示透视或用户视图窗口，还能显示 Top、Front、Left 等不同视角的视图窗口，让模型的操作更加便捷、精确。在选定的多视图模式中，把鼠标指针移动到视图框体边缘可以自由拖动调整各视图之间的大小，如果想要恢复原来的设置，只需要把鼠标指针移动到所有分视图框体交接处，在出现移动符号后，右击 Reset Layout（重置布局）即可。

下面简单介绍一下不同的视图角度。经典四视图中的 Top 视图是指从模型顶部正上方俯视的视角，也称为顶视图；Front 视图是指从模型正前方观察的视角，也称为正视图；Left 视图是指从模型正侧面观察的视角，也称为侧视图；Perspective 视图也就是透视图，是以透视角度来观察模型的视角（见图 2-24）。除此以外，常见的视图还包括 Bottom（底视图）、Back（背视图）、Right（右视图）等，分别是顶视图、正视图和侧视图的反向视图。

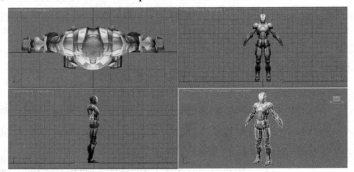

图 2-24　经典四视图模式

在实际的模型制作中，透视图并不是最适合的显示视图，最常用的通常为 Orthographic（用户视图）。它与透视图最大的区别是，用户视图中的模型物体没有透视关系，这样更利于在编辑和制作模型时对物体进行观察（见图 2-25）。

在视图左上角的 "+" 右侧有两个选项，用鼠标单击可以显示菜单选项（见图 2-26）。

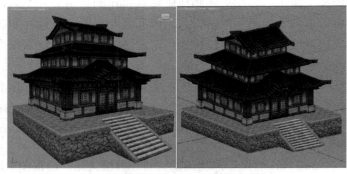

图 2-25　透视图与用户视图的对比

图 2-26 左侧的菜单是视图模式菜单，主要用来设置当前视图窗口的模式，包括摄像机视图、透视图、用户视图、顶视图、底视图、正视图、背视图、左视图、右视图等。在选中的当前视图模式下或者单视图模式下，都可以直接通过快捷键来快速切换不同角度的视图。多视图和单视图切换的默认快捷键为 Alt+W，当然所有的快捷键都是可以设置的，笔者更愿意把这个快捷键设定为 Space。

在多视图模式下想要选择不同角度的视图，只需要单击相应的视图即可，被选中的视图周围会出现黄色边框。这里涉及一个实用技巧：在复杂的包含众多模型的场景文件中，如果当前选择了一个模型物体，而同时想要切换视图角度，如果直接单击其他视图，在视图被选中的同时也会丢失对模型的选择状态。如何避免这个问题？其实很简单，只需要右键单击想要选择的视图即可，这样既不会丢失模型的选择状态，同时还能激活想要切换的视图窗口，这是在实际软件操作中经常用到的一个技巧。

图 2-26 右侧的菜单是视图显示模式菜单，主要用来切换当前视窗模型物体的显示方式，包括五种显示模式：光滑高光模式（Smooth + Highlights）、屏蔽线框模式（Hidden Line）、线框模式（Wireframe）、自发光模式（Flat）以及线面模式（Edged Faces）。

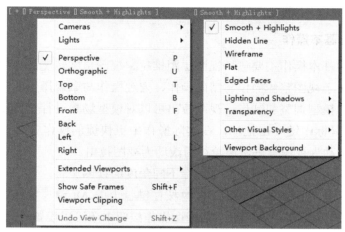

图 2-26　视图模式菜单和视图显示模式菜单

Smooth + Highlights 模式是模型物体的默认标准显示方式，在这种模式下模型受 3ds Max 场景中内置灯光的光影影响。在 Smooth + Highlights 模式下可以同步激活 Edged Faces 模式，这样可以同时显示模型的线框。Wireframe 模式就是隐藏模型实体，只显示模型线框的显示模式。不同的模式可以通过快捷键进行切换，按 F3 键可以切换到线框模式，按 F4 键可以激活线面模式。通过合理的显示模式的切换与选择，可以更加方便模型的制作。图 2-27 分别为这三种模式的显示方式。

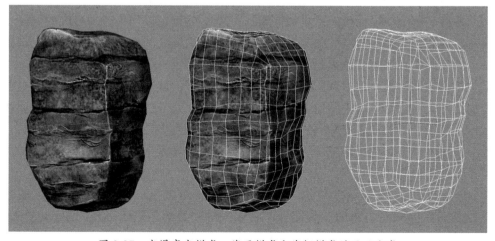

图 2-27　光滑高光模式、线面模式和线框模式的显示方式

在 3ds Max 9.0 以后，软件又加入了 Hidden Line 和 Flat 模式，这是两种特殊的显示模式。Flat 模式类似于模型自发光的显示效果；而 Hidden Line 模式类似于叠加了线框的 Flat 模式，在没有贴图的情况下模型显示为带有线框的自发光灰色，添加贴图后同时显示贴图与模型线框。这两种显示模式对于三维游戏制作非常有用，尤其是 Hidden Line 模式可以极大地提高即时渲染和显示的速度。

❷ 单视图窗口的基本操作

单视图窗口的基本操作主要包括视图焦距推拉、视图角度转变、视图平移操作等。视图焦距推拉主要用于视图整体操作与精确操作、宏观操作与微观操作的转变；视图推进可以进行更加精细的模型调整和制作；视图拉出可以对模型场景进行整体调整和操作。其快捷键为 Ctrl+Alt+ 鼠标中键单击拖动，在实际操作中更快捷的操作方式可以用鼠标滚轮来实现，滚轮往前滚动为视图推进，滚轮往后滚动为视图拉出。

视图角度转变主要用于模型制作时进行不同角度的视图旋转，方便从各个角度和方位对模型进行操作。其具体操作方法为：同时按住键盘上的 Alt 键与鼠标中键，然后滑动鼠标进行不同方向的转动操作。在右下角的视图操作按钮中还可以设置不同轴向基点的旋转，最常用的是 Arc Rotate Subobject，是以选中物体为旋转轴向基点进行视图旋转。

视图平移操作方便在视图中进行不同模型间的查看与选择，按住鼠标中键就可以进行上、下、左、右不同方位的平移操作。在 3ds Max 右下角的视图操作按钮中按住 Pan View 按钮可以切换为 Walk Through（穿行）模式，这是 3ds Max 8.0 以后增加的功能，这个功能对于游戏制作尤其是三维场景制作十分有用。将制作好的三维游戏场景切换到透视图，然后通过穿行模式可以以第一人称视角的方式身临其境地感受游戏场景的整体氛围，从而进一步发现场景制作中存在的问题，方便之后的修改。在切换为穿行模式后，鼠标指针会变为圆形目标符号，通过 W 和 S 键可以控制前后移动，A 和 D 键控制左右移动，E 和 C 键控制上下移动，拖动鼠标可以查看周围场景，通过 Q 键可以切换行动速度的快慢。

这里还要介绍一个小技巧：如果在一个大型复杂的场景制作文件中，当我们选定一个模型后进行视图平移操作，或者通过模型选择列表选择了一个模型物体，想快速地将所选的模型归位到视图中央，这时我们可以通过一个操作来实现视图中模型物体的快速归位，那就是快捷键 Z。无论当前视图窗口与所选的模型物体处于怎样的位置关系，只要按键盘上的 Z 键，都可以让被选模型物体在第一时间迅速移动到当前视图窗口的中间位置。如果当前视图窗口中没有被选择的物体，这时 Z 键会将整个场景中所有的物体作为整体显示在视图屏幕的中间位置。

在 3ds Max 2009 版本后软件加入了一个有趣的新工具——ViewCube（视图盒），这是一个显示在视图右上角的工具图标，它以三维立体方体的形式显示，可以进行各种角度的旋转操作（见图 2-28）。盒子的不同面代表了不同的视图模式，通过单击可以快速切换各种角度的视图，单击盒子左上角的房屋图标可以将视图重置到透视图坐标原点的位置。

另外，在进行单视图和多视图切换时，特别是切换到用户视图后再切换回透视图，经常发现透视角度会发生改变。这里的视野角度是可以设定的，单击视图左上角的"+"按钮，在弹出的下拉菜单中选择 Configure Viewports 选项，在打开的对话框中切换到 Rendering Method 选项卡，在右下角可以用具体数值来设定视野角度，通常默认的标准角度为 45°（见图 2-29）。

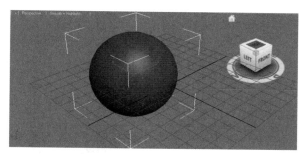

图 2-28　ViewCube（视图盒）

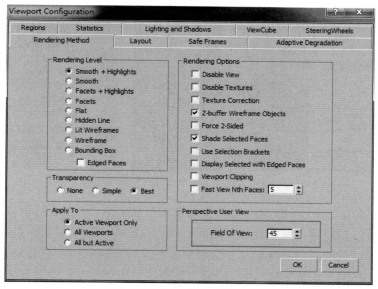

图 2-29　视野透视程度的设定

❸ 视图中右键菜单的操作

除了上面介绍的基本操作外，3ds Max 的视图操作还有一个很重要的部分，那就是视图中右键菜单的操作。在 3ds Max 视图中的任意位置右击都会出现一个灰色的多命令菜单，这个菜单中的许多命令对于三维模型的制作有着重要作用。这个菜单中的命令通常是针对被选择的物体对象，如果场景中没有被选择的物体模型，那么这些命令将无法独立执行。这个菜单包括上下两大部分，即 Display（显示）和 Transform（变形）。下面针对这两部分中重要的命令进行详细讲解。

在 Display 菜单中最重要的就是"冻结"和"隐藏"这两组命令，这是游戏场景制作中经常使用的命令。所谓"冻结"，就是将 3ds Max 中的模型物体锁定为不可操作状态，被冻结后的模型物体仍然显示在视图窗口中，但无法对其进行任何操作。Freeze Selection 是指将被选择的模型物体进行冻结操作。Unfreeze All 是指将所有被冻结的模型物体取消冻结状态。

　　通常被冻结的模型物体都会变为灰色并且会隐藏贴图显示，由于灰色与视图背景色相同，经常会造成制作上的不便。这里其实是可以设置的，在 3ds Max 右侧 Display（显示）面板下 Display Properties 显示属性一栏中有一个选项 Show Frozen in Gray，只要取消这个选项便会避免被"冻结"的模型物体变为灰色状态（见图 2-30）。

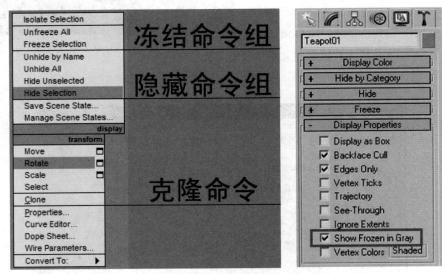

图 2-30　视图右键菜单与取消冻结灰色状态的设置

　　所谓"隐藏"，就是让 3ds Max 中的模型物体在视图窗口处于暂时消失不可见的状态。隐藏不等于删除，被隐藏的模型物体只是处于不可见状态，并没有从场景文件中消失，在执行相关操作后可以取消其隐藏状态。隐藏命令在游戏场景制作中是最常用的命令之一，因为在复杂的三维模型场景文件当中，经常在制作某个模型的时候会被其他模型遮挡视线，尤其是包含众多模型物体的大型场景文件，而隐藏命令恰恰避免了这个问题，让模型制作变得更加方便。

　　Hide Selection 是指将被选择的模型物体进行隐藏操作。Hide Unselected 是指将被选择模型以外的所有物体进行隐藏操作。Unhide All 是指将场景中的所有模型物体取消隐藏状态。Unhide by Name 是指通过模型名称选择列表将模型物体取消隐藏状态。

　　在 Transform 菜单中，除了包含移动、旋转、缩放、选择、克隆等基本的模型操作外，还包括物体属性、曲线编辑、动画编辑、关联设置、塌陷等一些高级命令。模型物体的移动、旋转、缩放、选择前面都已经讲解过，这里着重介绍一下 Clone（克隆）命令。所谓"克隆"，就是指将一个模型物体复制为多个个体的过程，快捷键为 Ctrl+V。选择模型物体后单击 Clone 命令或者按 Ctrl+V 组合键，可以将该模型进行原地克隆；而选择模型物体后按住 Shift 键并用鼠标移动、选择、缩放该模型，则是将该模型进行等单位的克隆，在拖动鼠标松开鼠标左键后会弹出设置窗口（见图 2-31）。

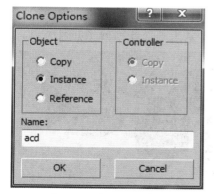

图 2-31 克隆设置窗口

克隆后的对象与被克隆物体之间存在三种关系：Copy（复制）、Instance（实例）和 Reference（参考）。Copy 是指克隆物体和被克隆物体间没有任何关联关系，改变其中任何一方对另一方都没有影响。Instance 是指执行克隆操作后，改变克隆物体的设置参数，被克隆物体也随之改变，反之亦然。Reference 是指执行克隆操作后，通过改变被克隆物体的设置参数可以影响克隆物体，反之则不成立。这三种关系是 3ds Max 中模型之间常见的基本关系，在很多命令设置或窗口中经常能看到。

2.1.4 3ds Max 建模基础操作

建模是 3ds Max 软件的基础和核心功能，三维制作的各种工作任务都是在所创建的模型的基础上完成的，无论是在动画还是游戏制作领域，想要完成最终作品首先要解决的问题就是建模。具体到三维网络游戏制作，建模更是游戏项目美术制作部分的核心工作内容，所以，走向三维游戏美术师之路的第一步就是建模。

生物建模与场景建模的区别很大，主要是受贴图方式的影响，生物模型要遵循模型一体化创建的原则，这是因为在游戏制作中生物模型必须保证用尽量少的贴图张数，在贴图赋予模型之前调整 UV 分布的时候，就必须把整个模型的 UV 线均匀地平展在一张贴图内，这样才能保证最终模型贴图的准确（见图 2-32）。

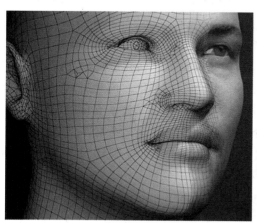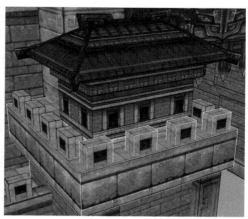

图 2-32 生物建模与场景建模的区别

3ds Max 的建模技术博大精深、内容繁杂，这里我们没有必要面面俱到，而是有选择地着重讲解与三维游戏场景制作相关的建模知识，从基本操作入手，循序渐进地学习三维游戏场景模型的制作。

在 3ds Max 右侧的工具命令面板中，Create（创建）面板下第一项 Geometry 就是主要用来创建几何体模型的命令面板，其中下拉菜单中的第一项 Standard Primitives 用来创建基础几何体模型，下面的表格就是 3ds Max 所能创建的十种基本几何体模型（见图 2-33）。

Box	立方体	Cone	圆锥体
Sphere	球体	Geosphere	三角面球体
Cylinder	圆柱体	Tube	管状体
Torus	圆环体	Pyramid	角锥体
Teapot	茶壶	Plane	平面

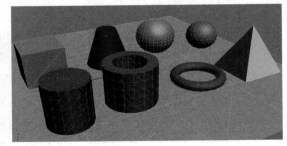

图 2-33　3ds Max 创建的基本几何体模型

用鼠标单击选择想要创建的几何体，在视图中用鼠标拖曳就可以完成模型的创建，在拖曳过程中单击鼠标右键可以随时取消创建。创建完成后切换到工具命令面板的 Modify（修改）面板，就可以对创建出的几何模型进行参数设置，包括长、宽、高、半径、角度、分段数等。在修改面板和创建面板中都能对几何体模型的名称进行修改，名称后面的色块用来设置几何体的边框颜色。这些基础的几何体模型就是我们之后创建角色模型的基础，任何复杂的多边形模型都是由这些基础几何体编辑而成的。

在 3ds Max 中创建基础几何体模型，这对于真正的模型制作来说仅仅是第一步，不同形态的基础几何体模型为模型制作提供了一个良好的基础，之后要通过模型的多边形编辑才能完成对模型的最终制作。在 3ds Max 6.0 以前的版本中，几何体模型的编辑主要靠 Edit Mesh（编辑网格）命令来完成，在 3ds Max 6.0 之后 Autodesk 公司研发出了更加强大的多边形编辑命令 Edit Poly（编辑多边形），并在之后的软件版本中不断增强和完善该命令，到 3ds Max 8.0 时，Edit Poly 命令已经十分完善。

Edit Mesh 与 Edit Poly 这两个模型编辑命令的不同之处在于：Edit Mesh 命令编辑模型时是以三角面作为编辑基础，模型物体的所有编辑面最后都转化成三角面；而 Edit Poly 命令在处理几何模型物体时，编辑面是以四边形面作为编辑基础，而且最后也无法自动转化为三角形面。在早期的电脑游戏制作过程中，大多数游戏引擎技术支持的模型都为三角面模型，而随着技术的发展，Edit Mesh 命令已经不能满足游戏三维制作中对于模型编辑的需要，之后逐渐被强大的 Edit Poly 命令代替，而且以 Edit Poly 编辑的物体还可以和以 Edit Mesh 编辑的物体进行自由转换，以应对各种不同的需要。

对于模型物体转换为编辑多边形模式，可以通过以下三种方法。

（1）视图窗口中右击模型物体，在弹出的快捷菜单中选择 Convert to Editable Poly（塌陷为可编辑的多边形）命令，即可将模型物体转换为多边形物体。

（2）在 3ds Max 界面右侧修改面板的堆栈窗口中右击需要的模型物体，在弹出的快捷菜单中同样选择 Convert to Editable Poly 命令，也可将模型物体转换为多边形物体。

（3）在堆栈窗口中对想要编辑的模型直接添加 Edit Poly 命令，也可让模型物体进入多边形编辑模式。这种方式相对前面两种来说有所不同，对于添加 Edit Poly 命令后的模型在编辑的时候还可以返回上一级的模型参数设置界面，而上面两种方法则不可以，所以第三种方法相对来说具有一定灵活性。

在多边形编辑模式下共分为五个层级，分别是 Vertex（点）、Edge（线）、Border（边界）、Polygon（面）和 Element（元素）。每个多边形从点、线、面到整体互相配合，共同围绕着为多边形编辑而服务，通过不同层级的操作最终完成模型整体的搭建制作。

在进入每个层级后，菜单窗口中会出现不同层级的专属面板，同时所有的层级还共享统一的多边形编辑面板。图 2-34 就是编辑多边形的命令面板，包括以下几部分：Selection（选择）、Soft Selection（软选择）、Edit Geometry（编辑几何体）、Subdivision Surface（细分表面）、Subdivision Displacement（细分位移）和 Paint Deformation（绘制变型）。下面将针对每个层级详细讲解模型编辑中常用的命令。

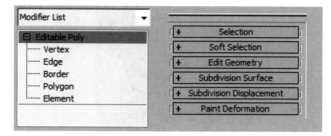

图 2-34　多边形编辑中的层级和各种命令面板

❶ Vertex 点层级

点层级下的 Selection（选择）面板中，有一个重要的选项 Ignore Backfacing（忽略背面），勾选该复选框，在视图中选择模型可编辑点的时候，将会忽略所有当前视图背面的点。此选项在其他层级中同样适用。

Edit Vertices（编辑顶点）面板是点层级下独有的命令面板，其中大多数命令是常用的编辑多边形命令（见图 2-35）。

Remove（移除）：当模型物体上有需要移除的顶点时，选中顶点执行此命令即可。移除不等于删除，当移除顶点后该模型顶点周围的面还存在，而删除则是将选中的顶点连同顶点周围的面一起删除。

Break（打散）：选中顶点后执行此命令，则该顶点会被打散为多个顶点。打散的顶点个数与打散前该顶点连接的边数有关。

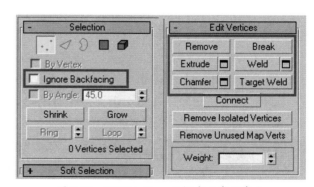

图 2-35　Edit Vertices 面板中的常用命令

Extrude（挤压）：挤压是多边形编辑中常用的编辑命令，而对于点层级的挤压，简单来说就是将该顶点以突出的方式挤到模型以外。

Weld（焊接）：这个命令与打散命令刚好相反，是将不同的顶点结合在一起的操作。选中想要焊接的顶点，设定焊接的范围，然后单击该命令，这样不同的顶点就被结合到了一起。

Chamfer（倒角）：对于顶点倒角来说就是将该顶点沿着相应的实线边以分散的方式形成新的多边形面的操作。挤压和倒角都是常用的多边形编辑命令，在多个层级下都包含这两个命令，但每个层级的操作效果不同，图 2-36 能更加具象地表现点层级下挤压、焊接和倒角命令的作用效果。

Target Weld（目标焊接）：此命令的操作方式是，首先单击此命令，然后用鼠标依次单击想要焊接的顶点，这样这两个顶点就被焊接到了一起。需要注意的是，焊接的顶点之间必须有边相连接，而对于类似四边形面对角线上的顶点是无法焊接到一起的。

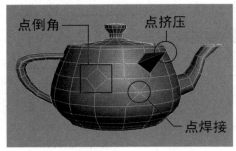

图 2-36　点层级下挤压、倒角和焊接的效果

Connect（连接）：选中两个没有边连接的顶点，单击此命令则会在两个顶点之间形成新的实线边。在挤压、焊接、倒角命令按钮后面都有一个方块按钮，这表示该命令存在子级菜单，可以对相应的参数进行设置。选中需要操作的顶点后单击此方块按钮，就可以通过参数设置的方式对相应的顶点进行设置了。

❷ Edge 边层级

在 Edit Edges（编辑边）层级面板（见图 2-37）中，常用的命令主要有以下几个。

Insert Vertex（插入顶点）：在边层级下可以通过此命令在任意模型物体的实线边上添加一个顶点。这个命令与后面要讲的共用编辑菜单下的 Cut（切割）命令一样，都是多边形模型物体加点添线的重要手段。

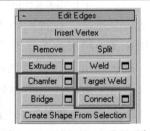

图 2-37　Edit Edges 层级面板

Remove（移除）：该命令用于将被选中的边从模型物体上移除。与前面讲过的相同，移除并不会将边周围的面删除。

Extrude（挤压）：在边层级下挤压命令的操作效果几乎等同于点层级下的挤压命令。

Chamfer（倒角）：对于边的倒角来说就是将选中的边沿相应的线面扩散为多条平行边。

图 2-38　边层级下挤压、倒角和焊接的效果

线边的倒角才是通常意义上的多边形倒角，通过边的倒角可以让模型物体面与面之间形成圆滑的转折关系。

Connect（连接）：对于边的连接来说就是在选中边线之间形成多条平行的边线。边层级下的倒角和连接命令也是多边形模型物体常用的布线命令之一。图 2-38 更加具象地表现了边层级下挤压、倒角和连接命令的具体操作效果。

❸ Border 边界层级

所谓的模型 Border，主要是指在可编辑的多边形模型物体中那些没有完全处于多边形面之间的实线边。通常来说，Edit Borders 层级面板中的命令菜单较少使用，菜单里面只有一个命令需要讲解，那就是 Cap（封盖）命令。这个命令主要用于给模型中的 Border 封闭加面，通常在执行此命令后还要对新加的模型面重新进行布线和编辑（见图 2-39）。

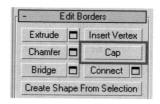

图 2-39　Edit Borders 层级面板中最常用的 Cap 命令

❹ Polygon 多边形面层级

Edit Polygons 层级面板中的大多数命令也是多边形模型编辑中最常用的命令（见图 2-40）。

Extrude（挤压）：在多边形面层级的挤压就是将面沿一定方向挤出的操作。单击后面的方块按钮，在弹出的菜单中可以设定挤出的方向，分为三种类型：Group（整体挤出）、Local Normal（沿自身法线方向整体挤出）、By Polygon（按照不同的多边形面分别挤出）。这三种操作方法在 3ds Max 的很多操作中都能看到。

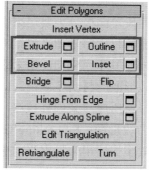

图 2-40　Edit Polygons 层级面板

Outline（轮廓）：是指将选中的多边形面沿着它所在的平面进行扩展或收缩的操作。

Bevel（倒角）：这个命令是多边形面的倒角命令，具体是将多边形面挤出再进行缩放操作，后面的方块按钮可以设置具体挤出的操作类型和缩放操作的参数。

Inset（插入）：该命令用于将选中的多边形面按照所在平面向内收缩产生一个新的多边形面，后面的方块按钮可以设定插入操作的方式是整体插入还是分别按多边形面插入。通常插入命令要配合挤压和倒角命令一起使用。图 2-41 更加直观地表现了多边形面层级中执行挤压、轮廓、倒角和插入命令的效果。

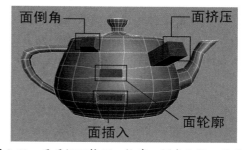

图 2-41　面层级下挤压、轮廓、倒角和插入的效果

Flip（翻转）：该命令用于将选中的多边形面进行翻转法线的操作。在 3ds Max 中，法线是指物体在视图窗口中可见性的方向指示，物体法线朝向我们则代表该物体在视图中为可见，相反为不可见。

另外，这个层级菜单中还需要介绍的是 Turn（反转）命令，这个命令不同于刚才介绍的 Flip 命令。虽然在多边形编辑模式中是以四边形面作为编辑基础，但其实每一个四边形面仍然是由两个三角形面所组成，但划分三角形面的边是作为虚线边隐藏存在的，当我们调整顶点时，这条虚线边也恰恰作为隐藏的转折边。当用鼠标单击 Turn（反转）命令时，所有隐藏的虚线边都会显示出来，然后用鼠标单击虚线边就会使之反转方向。对于有些模型物体特别是游戏场景中的低精度模型来说，Turn（反转）命令也是常用的命令之一。

在多边形面层级下还有一个十分重要的面板——Polygon Properties（多边形属性）面板，这也是多边形面层级下独有的设置面板，主要用来设置每个多边形面的材质序号和光滑组序号（见图 2-42）。其中，Set ID 用来设置当前选择多边形面的材质序号；Select ID 是通过选择材质序号来选择该序号材质所对应的多边形面；Smoothing Groups 窗口中的数字按钮用来设置当前选择多边形面的光滑组序号（见图 2-43）。

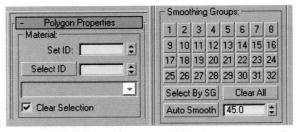

图 2-42　Polygon Properties 面板

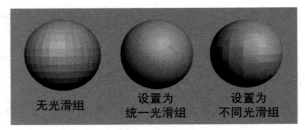

图 2-43　模型光滑组的不同设置效果

编辑多边形第五个层级面板为 Element 元素层级，这个层级的面板主要用来整体选取被编辑的多边形模型物体，此层级面板中的命令在游戏场景制作中较少用到，所以这里不做详细讲解。

以上就是多边形编辑模式下所有层级独立面板的详细讲解，下面介绍所有层级共用的 Edit Geometry（编辑几何体）面板（见图 2-44）。这个面板看似复杂，其实在游戏场景模型制作中常用的命令并不多。下面讲解一下 Edit Geometry 面板中常用的命令。

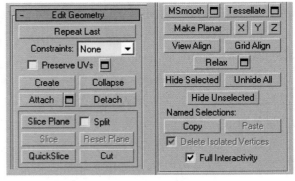

图 2-44　Edit Geometry 面板

Attach（结合）：该命令用于将不同的多边形模型物体结合为一个可编辑的多边形物体。先单击 Attach 命令，然后单击想要被结合的模型物体，这样被选择的模型物体就被结合到之前的可编辑多边形的模型下。

Detach（分离）：与 Attach 命令恰好相反，是将可编辑多边形模型下的面或者元素分离成独立的模型物体。进入编辑多边形的面或者元素层级下，选择想要分离的面或元素，然后单击 Detach 命令，会弹出一个窗口，选中 Detach to Element 选项，被选择的面分离成为当前可编辑多边形模型物体的元素；而选中 Detach as Clone 选项，被选择的面或元素克隆分离为独立的模型物体（被选择的面或元素保持不变）；如果什么都不勾选，则将被选择的面或元素直接分离为独立的模型物体（被选择的面或元素从原模型上删除）。

Cut（切割）：该命令用于在可编辑的多边形模型物体上直接切割绘制新的实线边，这是模型重新布线编辑的重要操作手段。

Make Planar X/Y/Z：在可编辑多边形的点、线、面层级下通过单击这个命令，可以实现模型被选中的点、线或者面在 X、Y、Z 三个不同轴向上的对齐。

Hide Selected（隐藏被选择）、**Unhide All**（显示所有）、**Hide Unselected**（隐藏被选择以外）这三个命令同之前视图窗口右键菜单中的命令完全一样，只不过这里是用来隐藏或显示不同层级下的点、线或者面的操作。对于包含众多点、线、面的复杂模型物体，有时需要用隐藏和显示命令让模型制作更加方便快捷。

最后介绍一下模型制作中即时查看模型面数的方法和技巧，一共有两种方法。第一种方法，可以利用 Polygon Count（多边形统计）工具进行查看，在 3ds Max 命令面板最后一项的工具面板中可以通过 Configure Button Sets（快捷工具按钮设定）来找到 Polygon Count 工具。Polygon Count 是一个非常好用的多边形面数计数工具，其中 Selected Objects 显示当前所选择的多边形面数，All Objects 显示场景文件中所有模型的多边形面数。下面的 Count Triangles 和 Count Polygons 用来切换显示多边形的三角面和四边面。第二种方法，我们可以在当前激活的视图中启动计数统计工具，快捷键为 7（见图 2-45）。Statistics 可以即时对场景中模型的点、线、面进行计数统计，但这种即时运算统计非常消耗硬件，所以通常不建议在视图中一直处于开启统计状态。

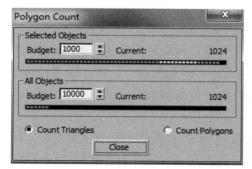
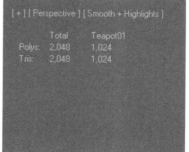

图 2-45　两种统计模型面数的方法

三维制作软件的最大特点就是真实性，所谓真实性，就是指在三维软件中，玩家可以从各个角度去观察视图中的模型元素。三维引擎为我们营造了一个360°的真实感官世界，在模型制作的过程中，我们要时刻记住这个概念，保证模型各个角度都要具备模型结构和贴图细节的完整度，在制作中要通过视图多方位旋转观察模型，避免漏洞和错误的产生。

另外，在游戏模型制作初期最容易出现的问题就是模型中会存在大量"废面"，要善于利用多边形计数工具，及时查看模型的面数，随时提醒自己不断修改和整理模型，保证模型面数的精简。除了模型面数的简化外，在进行多边形模型的编辑和制作时，还要注意避免产生四边形以上的模型面，尤其是在切割和添加边线的时候，要及时利用 Connect 命令连接顶点。对于游戏模型来说，自身的多边形面可以是三角面或者四边面，但如果出现四边以上的多边形面，在之后导入游戏引擎后会出现模型的错误问题，所以要极力避免这种情况出现。

2.2　3D 模型贴图技术详解

对于 3D 模型美术师来说，仅利用 3ds Max 完成模型的制作是远远不够的，三维模型的制作只是开始，是之后工作流程的基础。如果把三维制作比喻为绘画的话，那么模型的制作只相当于绘画的初步线稿，后面还要为作品添加颜色，而在三维设计制作过程中上色的环节就是通过模型 UV、材质及贴图的工作完成的。

对于 3D 角色模型而言，贴图比模型显得更加重要，人体皮肤的纹理、质感和细节都是由模型材质贴图实现的。尤其是游戏角色模型，由于游戏引擎显示及硬件负载的限制，游戏模型对于模型面数的要求十分严格，模型在不能增加面数的前提下还要尽可能地展现物体的结构和细节，这就必须依靠贴图来表现。而对于角色模型的贴图，要求把所有的 UV 网格都平展到 UV 框之内，如何在有限的空间内合理地排布模型 UV，就需要 3D 模型美术师来把握和控制，这种能力也是三维美术师必须具备的职业能力。本节将详细学习 3D 模型的 UV、材质及贴图的理论和制作方法。

2.2.1　贴图坐标的概念

在 3ds Max 中，默认状态下的模型物体想要正确地显示贴图材质，必须先对其"贴图坐标（UVW Coordinates）"进行设置。所谓的"贴图坐标"，就是模型物体确定自身贴图位置关系的一种参数，通过正确的设定让模型和贴图之间建立相应的关联关系，保证贴图材质正确地投射到模型物体表面。

模型在 3ds Max 中的三维坐标用 X、Y、Z 来表示，而贴图坐标则使用 U、V、W 与其对应，如果把位图的垂直方向设定为 V，水平方向设定为 U，那么它的贴图像素坐标就可以用 U和 V 来确定在模型物体表面的位置。在 3ds Max 的创建面板中建立基本几何体模型，在创建的时候系统会为其自动生成相应的贴图坐标关系，例如，当我们创建一个 BOX 模型并为其添加一张位图的时候，它的六个面会自动显示出这张位图。但对于一些模型，尤其是利用 Edit Poly 编辑制作的多边形模型，自身不具备正确的贴图坐标参数，这就需要我们为其设置和修改 UVW 贴图坐标。

在 3ds Max 的堆栈命令列表中可以找到 UVW Map 命令，这是一个指定模型贴图坐标的修改器。其界面基本参数设置包括 Mapping（投影方式）、Channel（通道）、Alignment（调整）和 Display（显示）四部分，其中最常用的是 Mapping 和 Alignment。在堆栈窗口中添加 UVW Map 修改器后，可以用鼠标单击前面的"+"号展开 Gizmo 分支，进入 Gizmo 层级后可以对其进行移动、旋转、缩放等调整，对 Gizmo 线框的编辑操作同样会影响模型贴图坐标的位置关系和贴图的投射方式。

在 Mapping 选项组中包含了贴图对于模型物体的七种投射方式和相关参数设置（见图 2-46），这七种投影类型分别是 Planar（平面）、Cylindrical（圆柱）、Spherical（球面）、Shrink Wrap（收缩包裹）、Box（立方体）、Face（面贴图）以及 XYZ to UVW。下面的参数是调节 Gizmo 的尺寸和贴图的平铺次数，在实际制作中并不常用。这里需要掌握的是能够根据不同形态的模型物体选择合适的贴图投射方式，以方便之后展开贴图坐标的操作。下面针对每种投影方式来了解其原理和应用方法。

Planar（平面）：将贴图以平面的方式映射到模型物体表面，它的投影平面就是 Gizmo 的平面，所以通过调整 Gizmo 平面就能确定贴图在模型上的贴图坐标位置。平面映射适用于平面化的模型物体，也可以选择模型面进行指定，一般是在可编辑多边形的面层级下选择想要贴图的表面，然

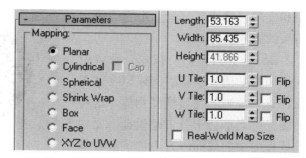

图 2-46　Mapping 选项组中的七种投影方式

后添加 UVW Mapping 修改器选择平面投影方式，并在 Unwrap UVW 修改器中调整贴图位置。

Cylindrical（圆柱）：将贴图沿着圆柱体侧面映射到模型物体表面，它将贴图沿着圆柱的四周进行包裹，最终圆柱立面左侧边界和右侧边界相交在一起。相交的这个贴图接缝也是可以控制的，单击进入 Gizmo 层级，可以看到 Gizmo 线框上有一条绿线，这就是控制贴图接缝的标记，通过旋转 Gizmo 线框可以控制接缝在模型上的位置。Cylindrical 后面有一个 Cap 选项，如果激活，则圆柱的顶面和底面将分别使用 Planar 的投影方式。这种贴图映射方式适用于圆柱体结构的模型，例如角色模型的四肢。

Spherical（球面）：将贴图沿球体内表面映射到模型物体表面。其实球面贴图与圆柱贴图的类型相似，贴图的左端和右端同样在模型物体表面形成一个接缝，同时贴图上下边界分别在球体两极收缩成两个点，与地球仪类似。为角色脸部模型贴图时，通常使用球面贴图（见图 2-47）。

图 2-47　Planar、Cylindrical 和 Spherical 贴图方式

Shrink Wrap（收缩包裹）：将贴图包裹在模型物体表面，并且将所有的角拉到一个点上。这是唯一一种不会产生贴图接缝的投影类型，也正因为这样，模型表面的大部分贴图会产生比较严重的拉伸和变形（见图 2-48）。由于这种局限性，多数情况下使用它的物体只能显示贴图形变较小的那部分，而"极点"那一端必须被隐藏起来。在游戏场景制作中，包裹贴图有时还是相当有用的，例如，制作石头这类模型的时候，使用别的贴图投影类型会产生接缝或者一个以上的极点，而使用收缩包裹投影类型就完全解决了这个问题，即使存在一个相交的"极点"，只要把它隐藏在石头的底部就可以了。

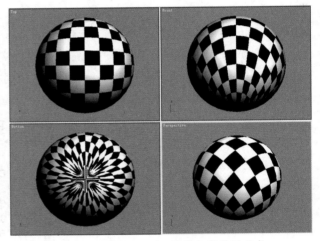

图 2-48　Shrink Wrap 收缩包裹贴图方式

Box（立方体）：按六个垂直空间平面将贴图分别映射到模型物体表面。对于规则的几何模型物体，这种贴图投影类型会十分方便快捷，比如场景模型中的墙面、方形柱子或者类似的盒式结构的模型。

Face（面贴图）：为模型物体的所有几何面同时应用平面贴图。这种贴图投影方式与材质编辑器 Shader Basic Parameters 参数中的 Face Map 作用相同（见图 2-49）。

XYZ to UVW 这种贴图投射类型在模型制作中较少使用，所以这里不做过多讲解。

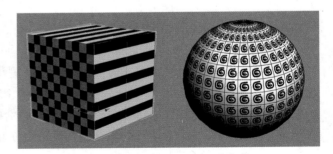

图 2-49　Box 和 Face 贴图方式

🎮 2.2.2　UV 编辑器的操作

在了解了 UVW 贴图坐标的相关知识后，我们可以用 UVW Map 修改器来为模型物体指定基本的贴图映射方式，这对于模型的贴图工作来说还只是第一步。UVW Map 修改器

定义的贴图投射方式只能从整体上为模型赋予贴图坐标，对于更加精确的贴图坐标的修改却无能为力，要想解决这个问题，必须通过 Unwrap UVW 展开贴图坐标修改器来实现。

Unwrap UVW 修改器是 3ds Max 中内置的一个功能强大的模型贴图坐标编辑系统，通过这个修改器可以更加精确地编辑多边形模型点、线、面的贴图坐标分布，尤其是对于生物体模型和场景雕塑模型等结构较为复杂的多边形模型，必须要用到 Unwrap UVW 修改器。

在 3ds Max 修改面板的堆栈菜单列表中可以找到 Unwrap UVW 修改器，Unwrap UVW 修改器的参数窗口主要包括 Selection Parameters（选择参数）、Parameters（参数）和 Map Parameters（贴图参数）三部分，在 Parameters 面板下还包括一个 Edit UVWs 编辑器。总的来看，Unwrap UVW 修改器十分复杂，包含众多命令和编辑面板，对于初学者来说上手操作有一定的困难。其实对于游戏三维制作来说，只需要了解并掌握修改器中一些重要的命令参数即可，不需要做到全盘精通，游戏场景中建筑模型的结构都比较规则，所以对于 Unwrap UVW 修改器的操作将会更加容易。下面针对 Unwrap UVW 修改器不同的参数面板进行详细讲解。

Selection Parameters（选择参数）面板中可使用不同的方式快速地选择需要编辑的模型部分（见图 2-50）。"+"按钮可以扩大选集范围，"-"按钮则是减小选集范围。这里需要注意，只有当 Unwrap UVW 修改器的 Select Face（选择面）层级被激活时，选择工具才有效。

Ignore Backfacing（忽略背面）：选择时忽略模型物体背面的点、线、面等对象。

Select by Element（选择元素）：选择时以模型物体元素为单位进行选择。

Planar Angle（平面角度）：这个命令默认是关闭的，它提供了一个数值设定，这个数值指的是面的相交角度。当这个命令被激活后，选择模型物体某个面或者某些面的时候，与这个面成一定角度内的所有相邻的面都会被自动选择。

Select MatID（选择材质 ID）：通过模型物体的贴图材质 ID 编号来选择。

Select SG（选择光滑组）：通过模型物体的光滑组来选择。

Parameters（参数）面板主要是用来打开 UV 编辑器，同时还可以对已经设置完成的模型 UV 进行存储（见图 2-51）。

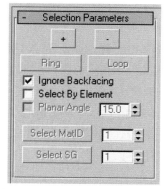

图 2-50　Selection Parameters 面板

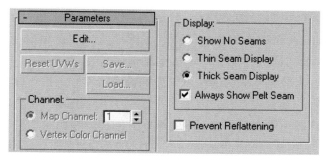

图 2-51　Parameters 面板

　　Edit（编辑）：用来打开 Edit UVWs 编辑窗口，具体参数设置下面将会讲到。

　　Reset UVWs（重置 UVW）：放弃已经编辑好的 UVW，使其回到初始状态，这也就意味着之前的全部操作都将丢失，所以一般不使用这个按钮。

　　Save（保存）：将当前编辑的 UVW 保存为 .uvw 格式的文件，对于复制的模型物体可以通过载入文件来直接完成 UVW 的编辑。其实在游戏场景的制作中通常会选择另外一种方式来操作，单击模型堆栈窗口中的 Unwrap UVW 修改器，然后按住鼠标左键直接拖曳这个修改器到视图窗口中复制出的模型物体上，松开鼠标左键即可完成操作。这种拖曳修改器的操作方式在其他很多地方也会用到。

　　Load（载入）：载入 .uvw 格式的文件，如果两个模型物体不同，则此命令无效。

　　Channel（通道）：包括 Map Channel（贴图通道）与 Vertex Color Channel（顶点色通道）两个选项，在游戏场景制作中并不常用。

　　Display（显示）：使用 Unwrap UVW 修改器后，模型物体的贴图坐标表面会出现一条绿色的线，这就是展开贴图坐标的缝合线，这里的选项就是用来设置缝合线的显示方式，从上到下依次为：不显示缝合线、显示较细的缝合线、显示较粗的缝合线、始终显示缝合线。

　　Map Parameters（贴图参数）面板看似十分复杂，但其实常用的命令并不多（见图 2-52）。在面板上半部分包括五种贴图映射方式和七种贴图坐标对齐方式，由于这些命令大多在 UVW Map 修改器中可以完成，所以这里较少用到。

　　这里着重讲解一下 Pelt（剥皮）工具，这个工具是角色模型 UV 平展时最主要的命令。Pelt 的含义就是指把模型物体的表面剥开，并将其贴图平展的一种贴图映射方式。这是 UVW Map 修改器中没有的一种贴图映射方式，相较其他的贴图映射方式来说相对复杂，更适合结构复杂的模型物体，下面具体讲解其操作流程。

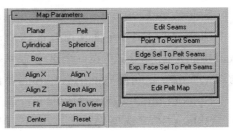

图 2-52　Map Parameters 面板

　　总体来说，Pelt 平展贴图坐标的流程分为三大步：一是重新定义编辑缝合线；二是选择想要编辑的模型物体或者模型面，单击 Pelt 按钮，然后选择合适的平展对齐方式；三是单击 Edit Pelt Map 按钮，对选择对象进行平展操作。

　　图 2-53 中的模型为一个场景石柱模型，模型上的绿线为原始的缝合线，进入 Unwrap UVW 修改器的 Edge 层级后，单击 Map Parameters 面板中的 Edit Seams 按钮就可以对模型重新定义缝合线。在 Edit Seams 按钮激活状态下，用鼠标单击模型物体上的边线就会使之变为蓝色，蓝色的线就是新的缝合线路经，按住键盘上的 Ctrl 键再单击边线就是取消蓝色缝合线。我们在定义编辑新的缝合线的时候，通常会在 Parameters（参数设置）中选择隐藏绿色缝合线，重新定义编辑好的缝合线如图 2-53 中间模型的蓝线。

　　第二步要进入 Unwrap UVW 修改器的 Face 层级，选择想要平展的模型物体或者模型面，然后单击 Pelt 按钮，会出现类似 UVW Map 修改器中的 Gizmo 平面，这时选择 Map

Parameters 面板中合适的展开对齐方式，如图 2-53 右侧所示。

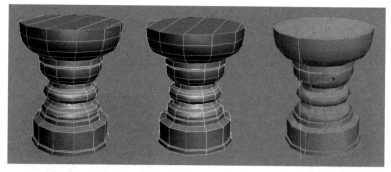

图 2-53　重新定义缝合线并选择展开平面

然后单击 Edit Pelt Map 按钮，弹出 Edit UVWs 窗口，从模型 UV 坐标每一个点上都会引申出一条虚线，对于这里密密麻麻的各种点和线不需要精确调整，只需要遵循一条原则——尽可能地让这些虚线不相互交叉，这样操作会让之后的 UV 平展更加便捷。

单击 Edit Pelt Map 按钮后，会弹出平展操作的命令窗口，这个命令窗口中包含许多工具和命令，但对于平时的制作来说很少用到，只需要单击右下角的 Simulate Pelt Pulling（模拟拉皮）按钮就可以继续下一步的平展操作了。接下来整个模型的贴图坐标将会按照一定的力度和方向进行平展操作，具体原理就是相当于模型的每一个 UV 顶点，将沿着引申出来的虚线方向进行均匀的拉曳，形成贴图坐标分布网格（见图 2-54）。

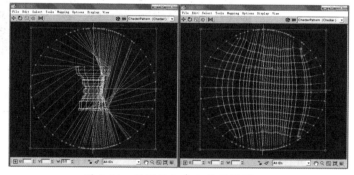

图 2-54　利用 Pelt 命令展平模型 UV

之后我们需要对 UV 网格进行顶点的调整和编辑，编辑的原则就是让网格尽量均匀地分布，这样最后当贴图添加到模型物体表面时才不会出现较大的拉伸和撕裂现象。我们可以单击 UV 编辑器视图窗口上方的棋盘格显示按钮来查看模型 UV 的分布状况，当黑白色方格在模型表面均匀分布且没有较大变形和拉伸的状态时，就说明模型的 UV 是均匀分布的（见图 2-55）。

图 2-55　利用黑白棋盘格来查看 UV 分布

　　模型 UV 编辑器是调整和平展模型 UV 最主要的工具面板。图 2-56 就是 Edit UVWs 编辑器的操作窗口，从上到下依次包括菜单栏、操作按钮、视图区和层级选择面板四部分。该窗口虽然看似复杂，但其实在游戏制作中常用的命令却不多，图中红框标识的区域基本涵盖了常用的命令和操作，下面具体讲解各命令的操作方法。

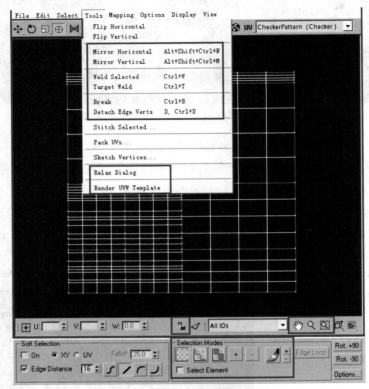

图 2-56　UV 编辑器视图窗口

　　首先来看视图区域，在模型物体 UV 网格线的底下是贴图的显示区域，在中间的深蓝色正方形边框就是模型物体贴图坐标的边界，任何超出边界的 UV 网格都会被重复贴图，类似增加贴图的平铺次数。对于 3D 角色模型来说，UV 网格都不能超出蓝色边界，这样才能在贴图区域内正确地绘制模型贴图。

　　Edit UVWs 的视图操作区域是最核心的区域，所有的命令和操作都要在这个区域中实现，换句话说，就是要通过一切操作来实现 UV 网格的均匀平展，将最初杂乱无序的 UV 网格变为一张平整的网格，让模型的贴图坐标和模型贴图找到最佳的结合点。

　　在视图区左上角的五个按钮是编辑 UV 网格最常用的工具，从左往右分别为 Move（移动）、Rotate（旋转）、Scale（缩放）、Freeform Mode（自由变换）和 Mirror（镜像）。移动、旋转、缩放以及镜像自然不用多说，跟前面讲到的 3ds Max 操作基本一致。自由变换工具是最常用的UV编辑工具，因为在自由变换模式下包含所有的移动、旋转和缩放操作，让操作变得十分便捷。

　　视图区右下角的按钮是视图操作按钮，包括视图基本的平移和缩放等，在实际操作中，这些按钮的功能都可用鼠标来代替，按住鼠标中键或鼠标滚轮拖动视图为平移视图，滑动鼠标滚轮为缩放视图。在这一排按钮区域正中间有一个锁形的图标按钮，默认状态下是"开锁"图标，单击后将变为锁定状态，则不能对视图中任何 UV 网格进行编辑操作。因为 3ds Max 对于这个按钮默认的快捷键是空格键，在操作中很容易被意外激活，所以这里着重提醒一下。

　　视图区下方是层级选择面板，Edit UVWs 也包含基本的 Vertex（点）、Edge（线）、Face（面）等子物体层级的操作，三种层级各有优势，在 UV 网格编辑中通过适当的切换，来实现更加快速便捷的操作。

　　Select Element（选择元素）：当激活这个命令时，对于选取视图中任何一个坐标点，都将会选取整片的 UV 网格。

　　Sync to Viewport（与视图同步）：默认状态是激活的，在视图窗口中的选择操作会实时显示出来。

　　"+"按钮是扩大选择范围，"–"按钮是减少选择范围。

　　在 Edit UVWs 的菜单栏中需要着重讲解的是 Tool（工具）菜单，在这个菜单中包含对 UV 网格镜像、合并、分割和松弛等常用的操作命令。

　　Weld Selected（焊接所选）：将 UV 网格中选择的点全部焊接到一起，这个合并的条件没有任何限制，即任意的选择区域都可以被焊接合并到一起。其快捷键是 Ctrl+W。

　　Target Weld（目标焊接）：与多边形编辑中的目标焊接方式一致，单击这个命令选择需要焊接的点，将其拖曳到目标点上即可完成焊接合并。其快捷键是 Ctrl+T。

　　Break（打断）：在 Vertex 点层级下，打断命令会将一个点分解为若干个新的点，新点的数目取决于这个点共用边面的个数。由于会产生较多的点，所以打断命令更多是用于 Edge 和 Face 的层级操作，具有更强的可控性。断开 Edge 时需要注意，如果不与边界相邻，需要选中两个以上的边，Break 命令才会起作用。其快捷键是 Ctrl+B。

　　Detach Edge Verts（分离边点）：与 Break 不同，这个命令是用来分离局部的，它对于单独的点、边不起作用，对面和完全连续的点、边才有效。其快捷键是 Ctrl+D。

　　Relax（松弛）：在之前介绍的 Pelt 操作流程完成后，往往就需要用到 Relax 命令。所谓的 Relax，就是将选中的 UV 网格对象进行"放松"处理，让过于紧密的 UV 坐标变得更加松弛，在一定程度上解决了贴图拉伸问题。

　　Render UVW Template（渲染 UVW 模板）：这个命令能够将 Edit UVWs 视图中蓝色边界内的 UV 网格渲染为 .BMP、.JPG 等平面图片文件，以方便在 Photoshop 中绘制贴图。

　　模型贴图坐标的操作在 3ds Max 软件中是一个比较复杂的部分，对于新手来说有一定难度，但只要理解其中的核心原理并掌握关键的操作，并没有想象中那样困难。想要熟练掌握模型贴图坐标的编辑操作技巧不是一朝一夕的事，往往需要经年累月的积累，在每次实践操作中不断地总结经验，为自己的专业技能打下坚实的基础。

🎮 2.2.3 模型贴图的绘制

对于 3D 动画模型来说，在模型贴图的格式和尺寸等方面并没有严格的限定，3D 动画模型是通过渲染来呈现最终效果的，所以贴图只是中间步骤，最终只要求效果。但对于 3D 游戏来说，由于一切模型都是在游戏引擎中即时呈现的，所以在制作中游戏贴图会有诸多要求和限制。本节就来讲解游戏贴图的制作流程和规范，并结合具体实例介绍游戏贴图的制作技巧。

现在大多数游戏公司尤其是三维网络游戏制作公司，最常用的模型贴图格式为 .DDS，这种格式的贴图在游戏中可以随着玩家操控角色与其他模型物体间的距离改变贴图自身的尺寸，在保证视觉效果的同时节省了大量资源（见图 2-57）。贴图的尺寸通常为 8×8、16×16、32×32、64×64、128×128、512×512、1024×1024 等，一般来说，常用的贴图尺寸 是 512×512 和 1024×1024，在一些次世代游戏中可能还会用到 2048×2048 的超大尺寸贴图。有时候为了压缩图片尺寸，节省资源，贴图尺寸不一定是等边的，竖长方形和横长方形也是可以的，如 128×512、1024×512 等。

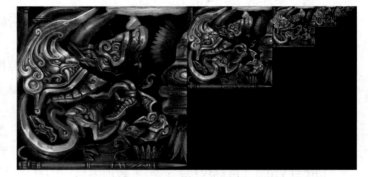

图 2-57　DDS 贴图的特点

三维游戏的制作其实可以概括为一个"收缩"的过程，考虑到引擎能力，考虑到硬件负荷，考虑到网络带宽等一切因素，都不得不在游戏制作中尽可能地节省资源。游戏模型不仅要制作成低模，而且在最后导入游戏引擎前还要进一步删减模型面数。游戏贴图也是如此，作为游戏美术师要尽一切可能让贴图尺寸降到最低，把贴图中的所有元素尽可能地堆积到一起，并且还要尽量减少模型应用的贴图数量。总之，在导入引擎前，所有的美术元素都要尽可能地精练，这就是"收缩"的概念。虽然现在的游戏引擎技术飞速发展，对于资源的限制逐渐放宽，但节约资源的理念应该是每一位三维游戏美术师所奉行的基本原则。

对于要导入游戏引擎的模型，其命名必须用英文，不能出现中文字符。在实际游戏项目制作中，模型的名称要与对应的材质球和贴图命名统一，以便于查找和管理。模型的命名通常包括前缀、名称和后缀三部分，例如，建筑模型可以命名为 JZ_Starfloor_01，不同模型之间不能出现重名。

与模型命名一样，材质和贴图的命名同样不能出现中文字符。模型、材质与贴图的名称要统一，不同贴图不能出现重名现象，贴图的命名同样包含前缀、名称和后缀，例如 jz_Stone01_D。在实际游戏项目制作中，不同的后缀名代指不同的贴图类型，通常来说，_D 表示 Diffuse 贴图，_B 表示凹凸贴图，_N 表示法线贴图，_S 表示高光贴图，_AL 表示带有 Alpha 通道的贴图。

接下来谈一下游戏贴图的风格，一般来说，游戏贴图的风格主要分为写实风格和手绘风格。写实风格的贴图一般都是用真实的照片来进行修改；而手绘风格的贴图主要是靠制作者的美术功底进行手绘。其实贴图的美术风格并没有十分严格的界定，只能看是侧重于哪一方面，是偏写实还是偏手绘。写实风格主要用于真实背景的游戏当中，手绘风格主要用于 Q 版卡通游戏中。当然一些游戏为了标榜独特的视觉效果，也采用偏写实的手绘贴图。贴图的风格并不能真正决定一款游戏的好坏，重要的还是制作的质量，这里只简单介绍一下不同贴图所塑造的美术风格。

图 2-58 的左侧是手绘风格的游戏贴图，整体风格偏卡通，适合用于 Q 版游戏。手绘贴图的优点是：整体都是用颜色绘制，色块面积比较大，而且过渡柔和，在贴图放大后不会出现明显的贴图拉伸和变形痕迹。图 2-58 的右侧为写实风格的贴图，图片中大多数元素的素材取自真实照片，通过 Photoshop 的修改编辑形成了符合游戏中使用的贴图。写实贴图的细节效果和真实感比较强，但如果模型 UV 处理不当也会造成比较严重的拉伸和变形。

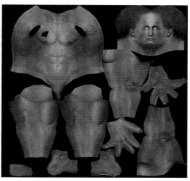

图 2-58　手绘贴图与写实贴图

当我们完成了模型 UV 的平展工作后，就可以通过 UV 编辑器菜单中的 Render UVW Template 命令来渲染模型的 UV 网格，将其作为一张图片输出并导入 Photoshop 软件中，作为贴图绘制的参考依据。不同的 UV 网格分布对应模型不同的部位，然后我们可以在平面软件中对应 3D 视图来完成模型贴图的绘制（见图 2-59）。

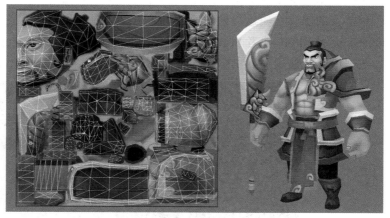

图 2-59　参照 UV 网格来绘制贴图

下面通过一张金属元素贴图的制作实例来学习模型贴图的基本绘制流程和方法。首先，在 Photoshop 中创建新的图层，根据模型 UV 网格绘制出贴图的底色，铺垫基本的整体明暗关系（见图 2-60），然后在底色的基础上，绘制贴图的纹饰和结构部分（见图 2-61）。

图 2-60　绘制贴图底色

图 2-61　绘制纹饰和结构

接下来绘制结构的基本阴影，同时调整整体的明度和对比度（见图 2-62）。选用一些肌理丰富的照片材质进行底纹叠加，可以叠加多张不同的材质。图层的叠加方式可以选择 Overlay、Multiply 或者 Softlight，强度可以通过图层透明度来控制（见图 2-63）。通过叠加纹理增强了贴图的真实感，使细节更丰富，这样制作出来的贴图就是偏写实风格的贴图。

图 2-62　绘制阴影

图 2-63　叠加纹理

　　然后绘制金属的倒角结构，同时绘制贴图的高光部分（见图 2-64）。金属材质的边缘部分会有些细小的倒角，可以单独在一个图层内用亮色绘制，图层的叠加方式可以是 Overlay 或者 Colordodge，强度可以通过图层透明度来控制。接下来使用色阶或曲线工具，整体调整贴图的对比度，增强金属质感（见图 2-65）。

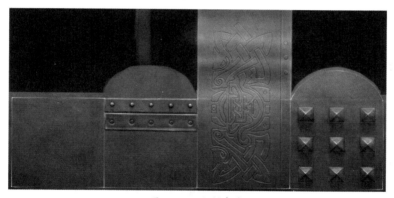

图 2-64　绘制高光

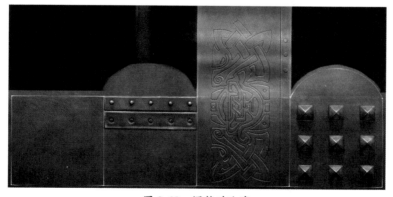

图 2-65　调整对比度

最后，可以用一些特殊的笔刷纹理在金属表面一些平时不容易被摩擦到的地方绘制污迹或者类似金属氧化的痕迹，以增强贴图的细节和真实感，这样就完成了贴图的绘制（见图2-66）。

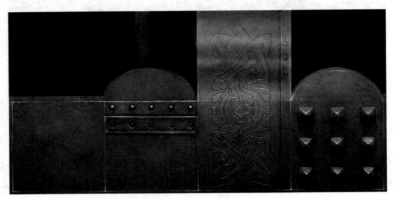

图 2-66　绘制污渍

制作完成的贴图要通过材质编辑器添加到材质球上，然后才能赋予模型。在3ds Max的工具按钮栏单击材质编辑器按钮或者按键盘上的 M 键，可以打开 Material Editor 材质编辑器。材质编辑器的内容复杂并且功能强大，然而对于游戏制作来说这里应用的部分却十分简单，因为游戏当中的模型材质效果都是通过游戏引擎中的设置来实现的，材质编辑器里的参数设定并不能影响游戏实际场景中模型的材质效果。在制作三维模型时，我们仅仅利用材质编辑器将贴图添加到材质球的贴图通道上。普通的模型贴图只需要在 Maps（贴图通道）的 Diffuse Color（固有色）通道中添加一张位图（Bitmap）即可，如果游戏引擎支持高光和法线贴图（Normal Map），那么可以在 Specular Level（高光级别）和 Bump（凹凸）通道中添加高光和法线贴图（见图2-67）。

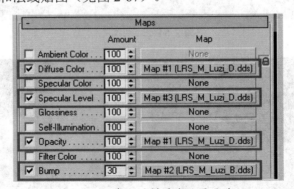

图 2-67　常用的材质球贴图通道

3.1　游戏场景设计制作流程

3.1.1　确定场景规模

　　在游戏企划部门给出基本的策划方案和文字设定后，第一步要做的并不是根据策划方案进行场景美术的设定工作，在此之前，首要的任务是确定场景的大小，这里所说的大小主要是指场景地图的规模以及尺寸。所谓"地图"，就是不同场景之间的地域区划，如果把游戏中所有的场景看作一个世界体系，那么这个世界中必然包含不同的区域，其中每一块区域都称作游戏世界的一块"地图"。地图与地图之间通过程序相连接，玩家可以在地图之间自由行动、切换（见图3-1）。

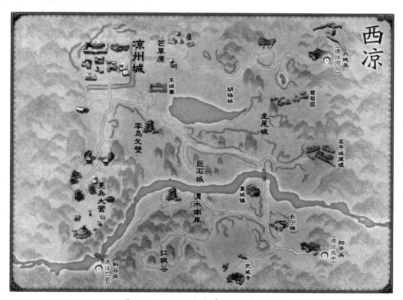

图3-1　网络游戏中的游戏地图

　　通过游戏企划部门提供的场景文字设定资料，可以得知场景中所包含的内容和玩家在这个场景中的活动范围，这样就可以基本确定场景的大小。在三维游戏中，场景地图是通过引擎地图编辑器制作生成的,在引擎编辑器中可以设定地图区块的大小,通过地形编辑功能制作出地图中的地表形态,然后可以导入之前制作完成的三维模型元素,通过排布、编辑、整合,最终完成整个场景地图的制作。

3.1.2 场景原画设定

当游戏场景地图的大小确定下来之后,接下来需要游戏美术原画设计师根据策划文案的描述进行场景原画的设定和绘制。场景原画设定是对游戏场景整体美术风格的设定和对游戏场景中所有美术元素的设计绘图。从类型上来划分,游戏场景原画可分为概念类原画和制作类原画。

概念类场景原画是指原画设计师针对游戏策划的文案描述对游戏场景进行整体美术风格和游戏环境基调设计的原画类型(见图3-2)。游戏原画师会根据策划人员的构思和设想,对游戏场景中的环境风格进行创意设计和绘制,概念原画不要求绘制十分精细,但要综合游戏的世界观背景、游戏剧情、环境色彩、光影变化等因素。相对于制作类原画的精准设计,概念类原画更加笼统,这也是将其命名为概念原画的原因。

图 3-2 游戏场景概念原画

在概念原画确定之后,游戏场景基本的美术风格就确立下来了,之后就需要开始场景制作类原画的设计和绘制。场景制作类原画是指对游戏场景中具体美术元素的细节进行设计和绘制的原画类型。这也是通常意义上所说的游戏场景原画,其中包括游戏场景建筑原画(见图3-3)和游戏场景道具原画。制作类原画不仅要在整体上表现出清晰的物体结构,更要对设计对象的细节进行详细描述,这样才便于后期美术制作人员进行实际美术元素的制作。

图 3-3　游戏场景建筑原画

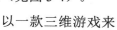 **3.1.3　制作场景元素**

在场景地图确定之后就要开始制作场景地图中所需的美术元素，包括场景道具、场景建筑、场景装饰、山石水系、花草树木等，这些美术元素是构成游戏场景的基础元素，制作质量的好坏直接关系到整个游戏场景的优劣，所以这部分是游戏制作公司的美术部门工作量最大的一个环节。

在传统像素和 2D 游戏中的美术元素都是通过 Tile 拼接组合而成，而对于现在高精细度的 2D 或 2.5D 游戏，其中的美术元素大多是通过三维建模，然后渲染输出成二维图片再通过 2D 软件编辑修饰，最终才能制作成游戏场景中所需的美术元素图层。三维游戏中的美术元素基本都是由 3ds Max 软件制作出的三维模型（见图 3-4）。

图 3-4　三维场景建筑模型

以一款三维游戏来说，其场景制作最主要的工作就是对三维场景模型的设计制作，包括场景建筑模型、山石树木模型和各种场景道具模型等。除了在制作的前期需要基础三维模型提供给 Demo 的制作，在中后期更需要大量的三维模型来充实和完善整个游戏场景和环境，所以在三维游戏

73

项目中，需要大量的三维美术师。

三维美术设计师要求具备较高的专业技能，不仅要熟练掌握各种复杂的高端三维制作软件，更要有极强的美术塑形能力。在国外，专业的游戏三维美术设计师大多是美术雕塑系或建筑系出身，除此之外，游戏三维美术设计师还需要具备大量的相关学科知识，例如建筑学、物理学、生物学、历史学等。

3.1.4 场景的构建与整合

场景地图有了，所需的美术元素也有了，剩下的工作就是把美术元素导入场景地图中，通过拼接整合最终得到完整的游戏场景。这部分工作要根据企划的文字设定资料来进行，在大地图中根据资料设定的地点、场景依次制作，包括山体、地形、村落、城市、道路，以及其他特定区域的制作。

成熟化的三维游戏商业引擎普及之前，在早期的三维网络游戏开发中，游戏场景所有美术资源的制作都是在三维软件中完成的，除了场景道具、场景建筑模型以外，还包括游戏中的地形山脉都是利用模型来制作的。而一个完整的三维游戏场景包括众多的美术资源，所以用这样的方法制作的游戏场景模型会产生数量巨大的多边形面数，不仅导入到游戏中的过程十分烦琐，而且制作过程中三维软件本身就承担了巨大的负载，经常会出现系统崩溃、软件跳出的现象（见图3-5）。

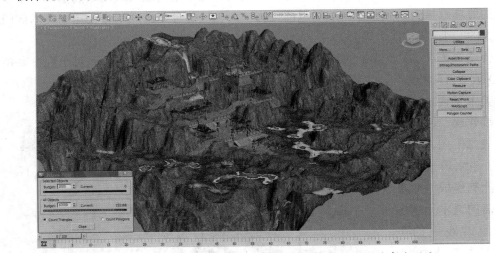

图3-5　全部利用三维软件制作完成的场景高达几十万的多边形面

随着技术的发展，在进入游戏引擎时代以后，以上所有的问题都得到了完美的解决，游戏引擎编辑器不仅可以帮助我们制作出地形和山脉的效果，除此之外，水面、天空、大气、光效等很难利用三维软件制作的元素都可以通过游戏引擎来完成。尤其是野外游戏场景的制作，我们只需要利用三维软件来制作独立的模型元素，其余80%的场景工作任务都可以通过游戏引擎地图编辑器来整合和制作（见图3-6）。利用游戏引擎地图编辑器制作游戏地图场景主要包括以下几方面内容。

（1）场景地形地表的编辑和制作。

（2）场景模型元素的添加和导入。

（3）游戏场景环境效果的设置，包括日光、大气、天空、水面等。

（4）游戏场景灯光效果的添加和设置。

（5）游戏场景特效的添加与设置。

（6）游戏场景物体效果的设置。

图 3-6　利用游戏引擎地图编辑器编辑场景

　　其中，大量的工作时间集中在游戏场景地形地表的编辑制作上。游戏引擎地图编辑器制作地形的原理是将地表平面划分为若干分段的网格模型，再利用笔刷进行控制，实现垂直拉高形成的山体效果或者塌陷形成的盆地效果，然后通过类似 Photoshop 的笔刷绘制方法来对地表进行贴图材质的绘制，最终实现自然的场景地形效果。

3.1.5　场景的优化与渲染

　　以上工作都完成以后，整个场景基本就制作完成了，最后要对场景进行整体的优化和完善，为场景进一步添加装饰道具，精减多余的美术元素，除此以外，还要为场景添加各种粒子特效和动画等（见图3-7）。

图 3-7　游戏场景特效

　　三维游戏特效的制作，首先要利用 3ds Max 等三维制作软件创建出粒子系统，然后将事先制作的三维特效模型绑定到粒子系统上，还要针对粒子系统进行贴图的绘制。贴图通常要制作成带有镂空效果的 Alpha 贴图，有时还要制作贴图的序列帧动画，然后还要将制作完成的素材导入游戏引擎特效编辑器中，最后对特效进行整合和细节调整。

　　对于游戏特效美术师来说，他们在游戏美术制作团队中有一定的特殊性，既难将其归类于二维美术设计人员，也难将其归类于三维美术设计人员。游戏特效美术师不仅要掌握三维制作软件的操作技能，还要对三维粒子系统有深入研究，同时还要具备良好的绘画功底、修图能力和动画设计制作能力。所以，游戏特效美术师是一个具有复杂性和综合性的游戏美术设计岗位，是游戏开发中必不可少的职位，同时入门门槛也比较高，需要从业者具备高水平的专业能力。在一线的游戏研发公司中，游戏特效美术师通常是具有多年制作经验的资深从业人员，相应的薪水待遇也高于其他游戏美术设计人员。

3.2　游戏角色设计制作流程与规范　▶ ▶ ▶

　　3D 游戏角色的设计与制作是一个系统的流程，主要分为以下几个步骤：原画设计、模型制作、模型材质和贴图制作、骨骼绑定与动作调节等。进行 3D 角色制作的第一步是进行原画的设定和绘制，3D 角色原画通常是将策划和创意的文字信息转换为平面图片的过程。图 3-8 所示为一张角色原画设定图，图中设计的是一位身穿金属铠甲的女性角色，设定图利用正面和背面清晰地描绘了角色的体型、身高、面貌以及所穿的装备服饰。由于金属铠甲腿部有部分被靴子覆盖，所以在图片左下角还画有完整的腿甲图示。除此以外，图中还有装饰纹样和角色武器的设定。通过这样多方位、立体式的原画设定图，后期的三维制作人员可以很清楚地了解自己要制作的 3D 角色的所有细节，这也是原画设定在整个流程中的作用和意义。

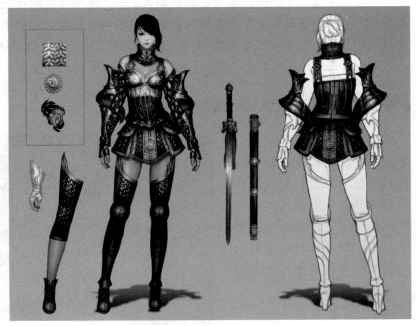

图 3-8　角色原画设定图

角色原画设定完成以后，3D 制作人员就要针对原画进行三维模型的制作，3D 游戏角色模型通常利用 3ds Max 软件来制作。随着游戏制作技术的发展，以法线贴图为主的次世代游戏制作技术已经成为主流。制作法线贴图前我们首先需要制作一个高精度模型，可以直接利用三维软件来制作，或者通过 Zbrush 等三维雕刻类软件制作出模型的高精度细节，如图 3-9 所示。

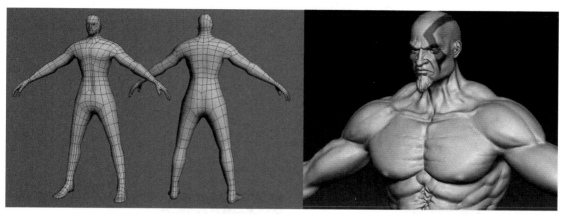

图 3-9　利用 Zbrush 软件雕刻高精度模型

之后需要在三维软件中比对高精度模型来制作相应的低精度模型，因为游戏中最终使用的都是低精度模型和中精度的模型，高精度模型只是为了烘焙和制作法线贴图来增强模型的细节。图 3-10 是低精度模型添加法线贴图后的效果，下面分别是三维角色模型的法线和高光贴图。

图 3-10　添加法线贴图的模型效果

模型制作完成后，需要将模型的贴图坐标进行分展，保证模型的贴图能够正确显示（见图 3-11），之后就是模型材质的调节和贴图的绘制过程了。对于制作 3D 动画角色模型，往往需要对其材质球进行设置，以保证不同贴图效果的质感，从而实现最后渲染完美的效果。然而对于 3D 游戏角色模型无须对其材质球进行复杂设置，只需为其不同的贴图通道绘制不同的模型贴图，比如固有色贴图、高光贴图、法线贴图、自发光贴图以及 Alpha 贴图等（见图 3-12）。

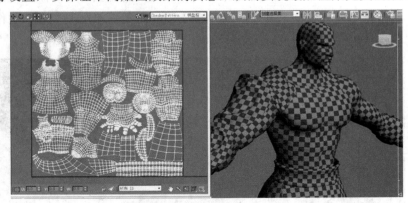

图 3-11　分展模型的 UV 坐标

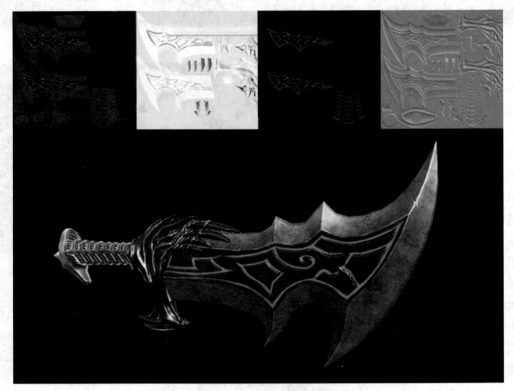

图 3-12　绘制模型贴图

模型和贴图都完成后，就需要对模型进行骨骼绑定和蒙皮设置，通过三维软件中的骨骼系统对模型实现可控的动画调节（见图 3-13）。骨骼绑定完成后就可以对模型进行动作调节和动画的制作，最后调节的动作通常需要保存为特定格式的动画文件，然后在游戏引擎中系统和程序根据角色的不同状态对动作文件进行加载和读取，实现角色的动态过程。

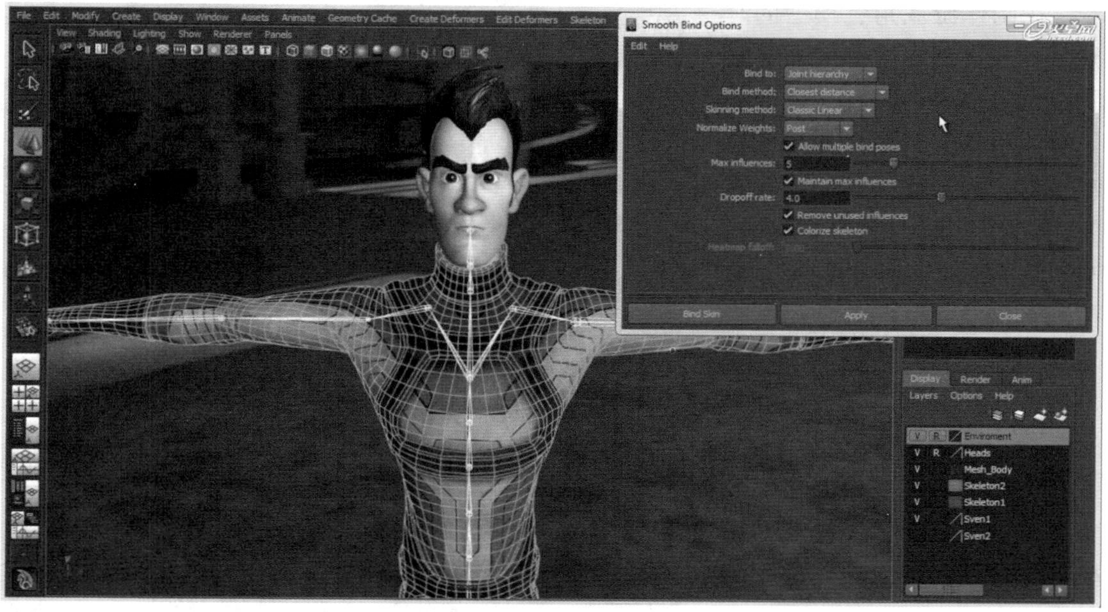

图 3-13　3D 角色骨骼的绑定

　　游戏角色模型在制作的时候必须遵循一定的规范和要求，由于受到游戏引擎和电脑硬件等多方面的限制，其模型在布线和面数等方面有着更加严格的要求。首先，在进入正式的模型制作之前，要对角色的原画设定图进行仔细分析，掌握模型的整体比例结构和角色的固有特点，以保证后续整体制作方向和思路的正确性。

　　模型布线不仅要清晰地突出模型自身的结构，而且整体布线必须有序和工整，模型线、面以三角形和四边形为主，不能出现四边以上的多边形面，同时还要考虑后续的 UV 拆分以及贴图的绘制。合理的模型布线是 3D 游戏角色制作的基础（见图 3-14）。

图 3-14　3D 角色模型布线

　　对于游戏角色模型来说，由于游戏中的图像属于即时渲染，不能在同一图像范围内出现过多的模型面数，所以 3D 游戏角色模型在制作的时候都是以低精度模型来呈现的，也就是通常所说的低模。下面就来了解一下 3D 游戏角色低模的制作要求。

在制作游戏角色模型的时候，要严格遵守模型的面数限制（面数多少的限制一般取决于游戏引擎）。如何使用低模塑造复杂的形体结构，这就需要我们对于模型布线的精确控制和后期贴图效果的配合。模型上有些结构是需要使用面去表现的，而有些结构则可以使用贴图去表现。如图 3-15 所示，这个模型的结构十分简单，其细节的装饰结构完全是用贴图来表现的，这样虽然模型的面数很少，但仍可以达到理想的效果。

图 3-15　低模利用贴图表现模型结构

另外，为了进一步降低模型面数，在模型制作完成后，可以将从外表看不到的模型面都删除，例如角色的头盔、衣服或装备覆盖下的身体模型等（见图 3-16）。这些多余的模型面数不会为模型增加任何可视效果，但如果删除将大大节省模型面数。

图 3-16　删除多余的模型面

除此以外，透明贴图也是节省模型面数的一种方式。透明贴图也叫作 Alpha 贴图，是指带有 Alpha 通道的贴图，在游戏角色模型的制作中主要是用在模型的边缘处，如头发边缘和盔甲边缘等（见图 3-17），这样可以使模型边缘的造型看起来更复杂，但同时并没有额外增加过多的模型面数。

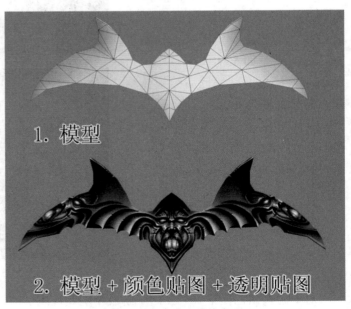

1. 模型

2. 模型 + 颜色贴图 + 透明贴图

图 3-17　透明贴图的应用

　　3D 游戏角色模型的布线除了之前所说的要考虑模型结构、面数和贴图等因素外，还要考虑模型制作完成后动画的制作，也就是角色的骨骼绑定。在创建模型的时候，一定要注意角色关节处布线的处理，这些部位不能太吝啬面数，这直接关系到之后骨骼的绑定和动画的调节。如果面数过少，会导致模型在运动时，关节处出现锐利的尖角，十分不美观。通常来说，角色关节处都有一定的布线规律，合理的布线让模型运动起来更加圆滑和自然。图 3-18 左侧为错误的布线，右侧是正确的关节布线。

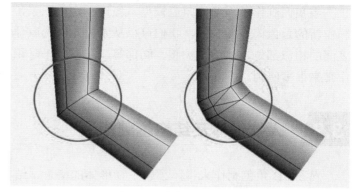

图 3-18　角色关节处布线

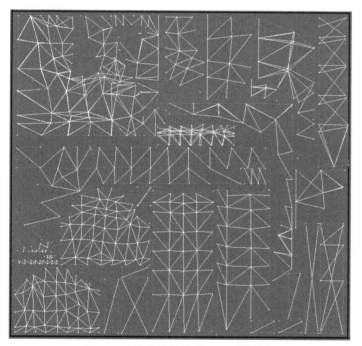

图 3-19　游戏角色模型 UV 网格拆分

　　当模型制作完成后，需要对模型 UV 进行平展，以方便后面贴图的绘制。对于 3D 游戏角色模型来说，需要严格控制贴图的尺寸和数量，由于贴图比较小，所以在分配 UV 的时候，尽量将每一寸 UV 框内的空间都占满，争取在有限的空间中达到最好的贴图效果（见图 3-19）。

　　虽然不要浪费 UV 空间，但是也不要让 UV 线离 UV 框过近，一般来说要保持至少 3 像素左右的距离，如果距离过近，可能会导致角色模型在游戏中产生接缝。UV 分配得合理与否，完全会影响以后的贴图效果和质量。通常我们会把需要细节表现的地方，让 UV 分配得大一些，方便对其细节的绘制；反之，不需要太多细节的地方，UV 可以分配得小一些，主次关系是模型 UV 拆分中一个重要的原则依据。

　　如果是不添加法线贴图的游戏角色模型，可以把相同模型的 UV 重叠在一起，例如，左右对称的角色装备和左右脸等，左右身体都可以重叠到一起，这样做是为了提高绘制效率，在有限的时间里达到更精彩的效果。但如果要添加法线贴图，模型的 UV 就不能重叠了，因为法线贴图不支持这种重叠的 UV，后期容易出现贴图显示的错误。在这种情况下，对于对称结构，可以先制作一个，另一个通过复制模型来完成。

当我们制作了大量的角色模型，经过一定的积累，会逐渐形成自己的模型素材库。在制作新的角色模型的时候，我们可以从素材库中选取体型相近的模型进行修改，比如模型之间的相似部位，如手、护腕、胸部等。所以，平时积累的贴图库和模型库会给自己的工作带来很多便利。

3.3　人体形体及结构基础知识

对于 3D 角色制作来说，了解生物形体的概念、结构和比例是实际制作前必须掌握的内容，这就如同美术学院的新生在学习素描和色彩课前所学的解剖学一样。要想很好地塑造角色模型，就必须先了解并掌握生物解剖学的有关知识。当我们在制作角色模型时，如果缺乏解剖学知识的引导，往往会感到无从下手，即使能勉强地塑造出角色的形象，也不会完成理想的作品。在三维美术工作中，解剖学知识的有无和多少从某种意义上来说，对创作起着决定性的作用。

掌握一定的生物解剖学知识可以帮助我们更好地把握角色的模型结构，在实际制作时能够快速、清晰地创建模型框架，从而更加精确地深入细化模型结构。本节将针对人体的形体比例、骨骼和肌肉结构进行讲解，从艺术人体解剖学的角度学习和了解人体的生物学概念和知识，为后面具体的建模奠定基础。

🎮 3.3.1　形体比例

我们在研究生物形体结构前必须清楚生物的整体的比例状况。人体的整体比例关系，现在通用的是以人自身的头高为长度单位来测量人体的各个部位，也就是通常所说的头高比例（以头高为度量单位，对人体及人体各部进行比较，所得出的比例称作头高比例）。每个人都有自己的长相，高矮胖瘦不尽相同，其比例形态也因人而异。我们所说的人体比例通常是指生长发育正常的男性中青年平均数据的比例。

正常的人体比例约为 7 个半头身比，完美的人体比例为 8 头身比例。7 个半头身比例的人体从下往上量，足底到髌骨为 2 个头高，再到髂前上棘是 2 个头高，再到锁骨又是 2 个头高，剩下的部分为 1 个半头高（见图 3-20）。当然在实际中不一定是从下往上量，这只是一种以小腿为长度的测量方法。基本来说手臂的长度是 3 个头高，前臂是 1 个头高，上臂是 4/3 个头高，手是 2/3 个头高，肩宽接近 2 个头高，庹长（两臂左右伸直成一条直线的总长度）等于身高，第七颈椎到臀下弧线约 3 个头高，大转子之间 1 个半头高，颈长 1/3 头高。

8 头身人体比例分段如下：头自高，下巴至乳头，乳头至脐孔（上），脐孔至耻骨联合，耻骨联合至大腿中段,大腿中段至膝关节,膝关节至小腿中段,小腿中段至足底(见图3-21)。

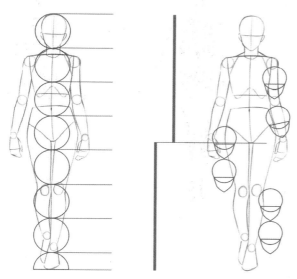

图 3-20　人体 7.5 头身比例图

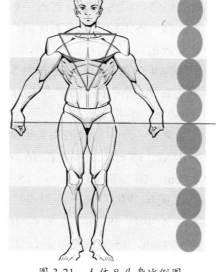

图 3-21　人体 8 头身比例图

　　一般来说,身高比例的不同主要是下肢的不同,头和躯干差别不大,而四肢的长度则相差很远。8 个头高的人体上肢的总长度超过 3 个头高,其比例与 7 个半头高的人一样,仍然是前臂:上臂:手 =3/3 : 4/3 : 2/3,只是不以头为单位来量。身高比为 7 个头高以下的人体,其上肢不足 3 个头高,也不宜以头为单位来量,但其上肢自身的比例也与上述比例相同。8 个头高的人体,肩宽两头(包括三角肌在内),当他平展双臂时,上肢加肩的总长度与身高相等,正好是 8 个头高,这时肩部就没有两个头高了,因为原来肩部的长度和上肢的长度有一段在三角肌上重叠了。其他身高比例的人体也是如此,否则肩的宽度加上上肢的长度就不等于身高了,8 个头高的人体下肢总长度正好是 4 个头高。当然,以上比例只是一般而言,对于不同的个体来说,其各部分的比例有所不同,正因为如此,才有千人千面、千姿百态。下面就来了解一下不同个体形体比例的区别。

　　首先,人体由于性别的差异,在形体比例上存在很大的不同。从骨骼上看,男性骨骼大而方,胸廓较大,盆骨窄而深;女性骨骼小而圆滑,胸廓较小,盆骨大而宽。男女肌肉结构差异不大,只是男性肌肉发达一些,女性脂肪丰厚一些。但是女性无论胖瘦,其体型与男性都不一样,典型的女性形体的臀线宽于肩线,髋部脂肪较厚,胸廓较小,因而显得腰部比例向上一些。而男性腰部肌肉相对结实,髋骨相对窄一些,因而腰部最窄处较下一些,从躯干到下肢较直。女性腰部在一个头宽左右,而男性大约是一个半头宽。女性身材整体形态因髋部大、胸廓小而形成中间大、两半头小的橄榄形。男性躯干到下肢显得平直、胸廓大、髋骨窄,肩宽臀窄,整体上呈倒梯形(见图3-22)。

其次，不同年龄个体的形体比例也有较大差异。不同年龄的比例划分是一个比较模糊的概念，因为有发育的迟早和遗传等因素的影响，各年龄段的身高比例也只能是一个参考数值。以自身头高为原尺来算，1~2岁个体为4个头高，5岁左右为5个头高，20岁左右为6个头高，15岁左右为7个头高，18~20岁为7.5~8个头高。

儿童在各个年龄段的头高也都不一样，新生儿大约13 cm，1岁时约16 cm，5岁时约19 cm，10岁时约21 cm，15岁时约22 cm。不同年龄的身高，一般是：新生儿约50 cm，1岁约65 cm，5岁约100 cm，10

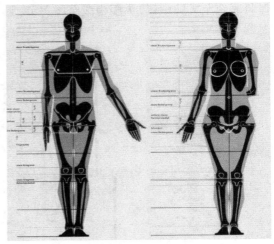

图3-22　男女人体形体比例差异

岁约130 cm，15岁约160 cm。儿童和成人的身高比例，一般是：1岁以前大约只有成人的1/3，3岁是成人的1/2，5岁是成人的4/7，10岁是成人的3/4。

成人的身高比，以头部为单位可以找到许多体表标记作为对应点，而儿童以头为单位则难以找到许多相应的体表标记，因此，在表现儿童时就应该从对应关系着手。小孩头部较大，这个"大"是相对身体而言的，手足的"大"是相对四肢而言的，如果与头部相比，手足反而显得小。婴幼儿四肢粗短，手足肥厚，小孩四肢短小是相对全身而言的，主要是头部大造成的，如果不看头部，小孩四肢与躯干的比例与成人相似。小孩除头部以外，身体其他部位的对应关系与成人大致相同。这也就是成人在扮演小孩角色时，只要戴上胖头面具就惟妙惟肖的诀窍。而老年人由于骨骼之间的间隙质老化萎缩，加上形成驼背，因此身高比青年时要低，往往不足7个半头高（见图3-23）。

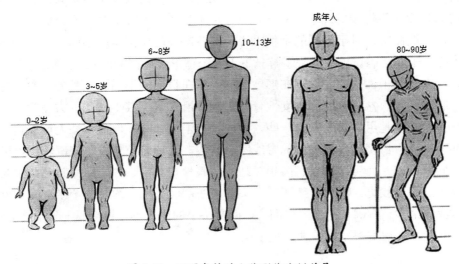

图3-23　不同年龄的人体形体比例差异

除此之外，不同的种族之间人体比例也存在差异。人体比例的种族差别主要反映在躯干和四肢的长短上，总体来说，白种人躯干短，上肢短，下肢长；黄种人躯干长，上肢长，下肢短；黑种人躯干短，上肢长，下肢长。人体比例在种族上的差别女性比男性更明显。

3.3.2 骨骼结构

骨骼化是生物结构复杂化的基础，骨骼系统是组成脊椎动物内骨骼的坚硬器官，起到运动、支持和保护身体的重要作用。骨骼由各种不同的形状组成，有复杂的内在结构和外在结构，使骨骼在减轻重量的同时能够保持坚硬。

人体的骨骼具有支撑身体的作用，其中的硬骨组织和软骨组织皆是人体结缔组织的一部分，而硬骨是结缔组织中唯一细胞间质较为坚硬的。成人有 206 块骨头，而小孩的较多，有 213 块，由于诸如头骨会随年龄的增长而愈合，因此成人骨骼个数少一两块或多一两块都是正常的。成人的 206 块骨通过连接形成骨骼，人体骨骼两侧对称，中轴部位为躯干骨，有 51 块，其顶端是颅骨，有 29 块，两侧为上肢骨，有 64 块，以及下肢骨，有 62 块（见图 3-24）。

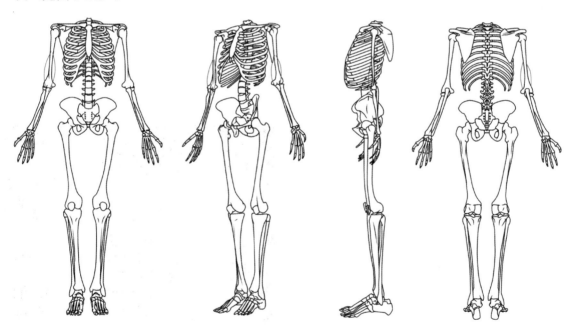

图 3-24 人体的骨骼系统

人体骨骼是构成人类形体的基础，对于三维角色的制作来说，虽然在建模过程中无须对骨骼进行塑造，但必须清楚人体骨骼的基本形态、结构和分布，所有人体的模型结构都是依照骨骼分布进行塑造的（见图 3-25），即使我们没必要清晰地记住每一块骨骼的名称，也必须对骨骼结构有一个整体的把握，只有这样才能成功地塑造出完美的人体角色模型作品。

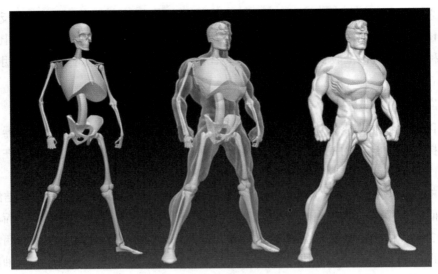

图 3-25　依照骨骼结构进行模型形体塑造

🎮 3.3.3　人体肌肉结构

　　人体的运动是由运动系统实现的，运动系统由骨骼、肌肉和关节等构成。骨骼构成人体的支架，关节使各部位骨骼联系起来，而最终是由肌肉收缩放松来实现人体的各种运动。全身肌肉的重量约占人体的 40%（女性约为 35%），人们的坐立行走、说话写字、喜怒哀乐的表情，乃至进行各种各样的工作、劳动、运动等，无一不是肌肉活动的结果。由于人体各部分肌肉的功能不同，因此骨骼肌的发达程度也不一样。为了维持身体直立姿势，背部、臀部、大腿前面和小腿后面的肌群特别发达，上、下肢分工不同，肌肉发达程度也有差异。上肢为了便于抓握以进行精细的劳动，上肢肌数量多，细小灵活；下肢起支撑和位移作用，因而下肢肌粗壮有力。

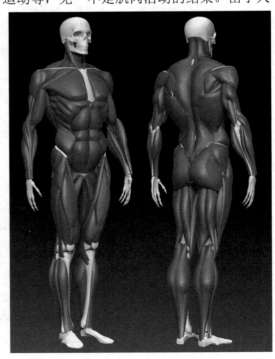

　　肌肉按形态可分为长肌、短肌、阔肌和轮匝肌四类。每块肌肉按组织结构可分为肌质和肌腱两部分。肌质位于肌肉的中央，由肌细胞构成，有收缩功能。肌腱位于两端，是附着部分，由致密结缔组织构成。每块肌肉通常跨越关节附着在骨面上，或一端附着在骨面上，另一端附着在皮肤上。一般将肌肉较固定的一端称为起点，较活动的一端称为止点（见图 3-26）。

图 3-26　人体肌肉结构

人体全身的肌肉可分为头颈肌、躯干肌和四肢肌。头颈肌可分为头肌和颈肌。头肌可分为表情肌和咀嚼肌。表情肌位于头面部皮下，多起于颅骨，止于面部皮肤。肌肉收缩时可牵动皮肤，产生各种表情。咀嚼肌为运动下颌骨的肌肉，包括浅层的颞肌和咬肌，深层的翼内肌和翼外肌。了解头部肌肉结构对于角色模型头部建模和布线有十分重要的作用（见图3-27）。

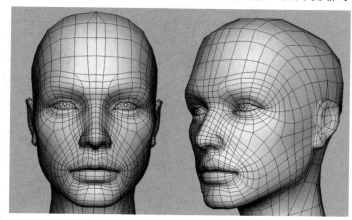

图 3-27　3D 角色头部建模和布线

躯干肌包括背肌、胸肌、膈肌和腹肌等。背肌可分为浅层和深层。浅层有斜方肌和背阔肌。深层的肌肉较多，主要有骶棘肌。胸肌主要有胸大肌、胸小肌和肋间肌。膈位于胸、腹腔之间，是一扁平阔肌，呈穿隆形凸向胸腔，是主要的呼吸肌，收缩时助吸气，舒张时助呼气。腹肌位于胸廓下部与骨盆上缘之间，参与腹壁的构成，可分为前外侧群和后群。前外侧群包括位于前正中线两侧的腹直肌和外侧的三层扁阔肌，这三层阔肌由浅而深依次为腹外斜肌、腹内斜肌和腹横肌；后群有腰方肌。

四肢肌可分为上肢肌和下肢肌。上肢肌结构精细，运动灵巧，包括肩部肌、臂肌、前臂肌和手肌。肩部肌分布于肩关节周围，有保护和运动肩关节的作用，其中较重要的是三角肌。臂肌均为长肌，可分为前、后两群，前群为屈肌，有肱二头肌、肱肌和喙肱肌；后群为伸肌，为肱三头肌。前臂肌位于尺、桡骨的周围，多为长棱形肌，可分为前、后两群，前群为屈肌群，后群为伸肌群。手肌位于手掌，分为外侧群、内侧群和中间群。

下肢肌可分为髋肌、大腿肌、小腿肌和足肌。髋肌起自躯干骨和骨盆，包绕髋关节的四周，止于股骨。髋肌按其部位可分为两群，髋内肌位于骨盆内，主要有髂腰肌、梨状肌和闭孔内肌。髋外肌位于骨盆外，主要有臀大肌、臀中肌、臀小肌和闭孔外肌。大腿肌分为前、内、后三群，分别位于股部的前面、内侧面和后面。前群有股四头肌和缝匠肌。内群位于大腿内侧，有耻骨肌、长收肌、短收肌、大收肌和股薄肌等。后群包括外侧的股二头肌和内侧的半腱肌、半膜肌。小腿肌可分为前、外、后三群。足肌可分为背肌与足底肌。

学习和了解人体的肌肉结构对于三维角色制作来说有着十分重要的意义，因为三维角色的建模就是在创建人体的肌肉结构，其整体模型的布线方法和规律都是按照人体的肌肉分布进行制作的。我们根据人体肌肉的大块分布，首先利用几何体模型对结构进行归纳，创建模型的基本形态，然后根据具体的肌肉结构进行模型细节的深化和塑造（见图3-28）。

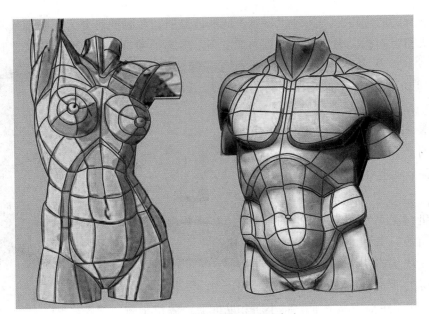

图 3-28　根据肌肉结构进行布线

4.1　游戏场景道具模型制作　▶ ▶ ▶

　　场景道具模型是指在游戏场景中用于辅助装饰场景的独立模型物件，它是构成游戏场景最基本的美术元素之一。比如室内场景中的桌椅板凳，室外场景中的山石草树，大型城市场景中的雕塑、道边护栏、照明灯具、美化装饰等，这些都属于游戏场景道具模型。场景道具模型的特点是：小巧精致，带有设计感，并且可以不断地循环利用。

　　场景道具模型在游戏场景中虽然不能作为场景主体模型，但却发挥着不可或缺的作用。比如当我们制作一个酒馆或驿站的场景时，就必须为其搭配制作相关的桌椅板凳等场景道具；当我们制作一个城市场景时，花坛、路灯、雕塑、护栏等也是必不可少的。在场景制作中添加适当的场景道具模型，不仅可以增加场景整体的精细程度，而且还可以让场景变得更加真实自然，符合历史和人文的特征（见图4-1）。

图 4-1　细节丰富的游戏场景道具模型

由于场景道具模型通常要大面积复制使用，为了降低硬件负担，增加游戏整体的流畅度，场景道具模型必须在保证结构的基础上尽可能地降低模型面数。结构细节主要通过贴图来表现，这样才能保证模型在游戏场景中被充分利用。下面通过实例来学习场景道具模型的制作，本节实例是制作一个香炉场景道具模型。

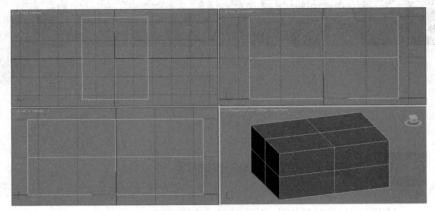

图 4-2　创建 BOX 模型

首先，在 3ds Max 视图中创建一个 BOX 模型，将分段数全都设置为 2（见图 4-2）。将 BOX 塌陷为可编辑的多边形，在面层级下选中模型顶部的面，利用 Bevel 命令进行倒角处理（见图 4-3）。然后在面层级下利用 Extrude 命令将模型面挤出，利用 Inset 和 Bevel 命令制作出顶部结构，如图 4-4 所示。

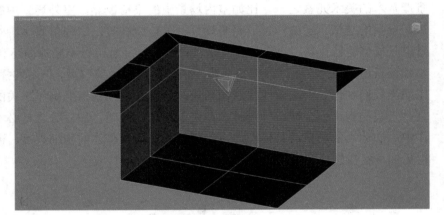

图 4-3　倒角处理

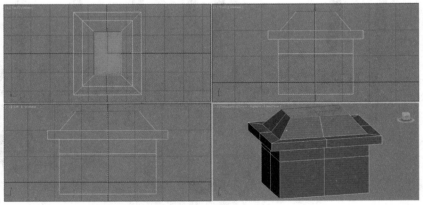

图 4-4　制作顶部结构

至此，香炉的炉身主体就基本制作完成了，下面制作香炉的腿部结构。切换到 3ds Max 正视图，打开创建面板下的样条线窗口，利用 Line 命令开始绘制模型的轮廓结构（见图4-5）。

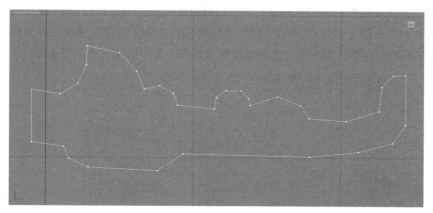

图 4-5 绘制线条轮廓

在堆栈窗口中添加 Extrude 命令，将线条轮廓转化为实体模型，如图4-6所示。此时的模型还没有完成，由于挤出的模型面顶点之间并没有连接，这样的模型导入游戏引擎后会出现多边形面的错误，所以通常添加 Extrude 修改器后，还需要将模型塌陷为可编辑的多边形，然后在点层级下通过 Connect 命令连接相应的顶点，顶点围绕的多边形面不超过4边（见图4-7）。这种利用线条挤出模型的方法适合轮廓复杂的扁平模型结构的制作。

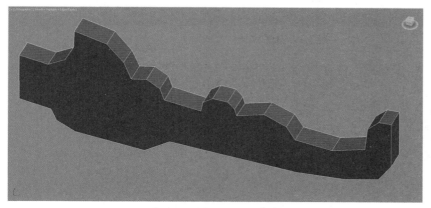

图 4-6 添加 Extrude 命令

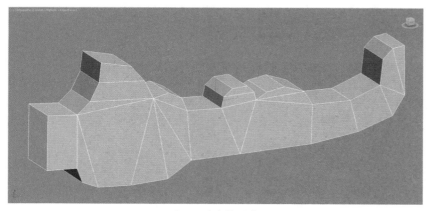

图 4-7 连接顶点

将制作完成的炉腿模型旋转到合适的角度并放置在主体模型下方一角（见图4-8）。选中腿部模型，进入 Hierarchy 面板激活模型的轴心（Pivot），然后利用快捷按钮面板中的 Align 命令将腿部模型的轴心对齐到香炉主体模型的中心（见图4-9）。这样操作是为了后面能够利用镜像复制命令快速地完成其他三条腿部结构的制作，这也是场景模型制作中常用的技巧（见图4-10）。

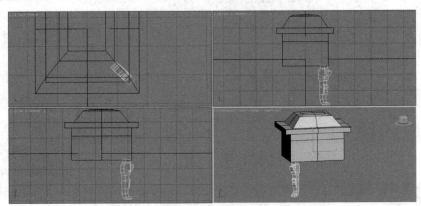

图 4-8　放置炉腿

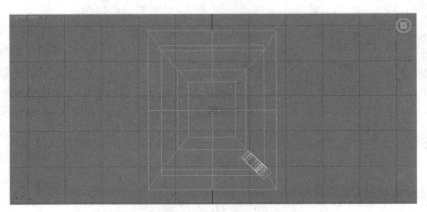

图 4-9　调整轴心点

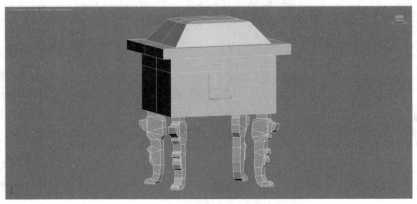

图 4-10　利用镜像复制命令完成其他结构

接下来同样利用画线挤出的方法制作炉身侧面的装饰结构（见图4-11），然后同样利用调整轴心点和镜像复制将装饰结构与炉身模型进行接合（见图4-12）。利用BOX模型弯曲制作装饰结构并放置在炉子顶部两侧的位置（见图4-13）。

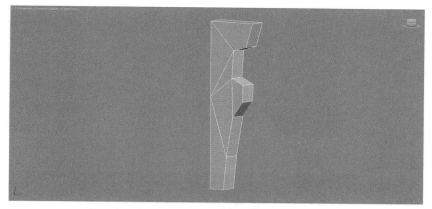

图 4-11　制作装饰结构

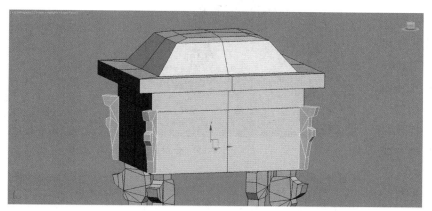

图 4-12　模型结构的拼接

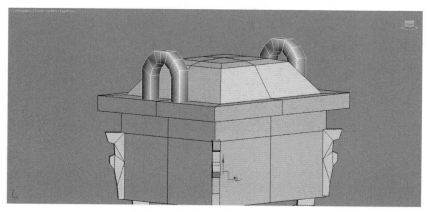

图 4-13　制作顶部两侧装饰结构

利用圆柱体模型制作香炉顶部的装饰结构（见图4-14），这样整个香炉就具备了基本的形态结构，如图4-15所示。其实这样的香炉模型完全可以应用于游戏场景中。接下来我们要对其进行更加复杂的装饰与制作，让其细节和结构更加复杂、精致。

下面我们在香炉主体模型的外围为其制作装饰结构，仍然是利用画线、添加挤出修改器的方式制作出装饰模型结构（见图4-16、图4-17）。将完成的模型面内部的顶点进行连接，避免出现4边以上的模型面，然后将装饰结构放置在香炉两侧（见图4-18）。

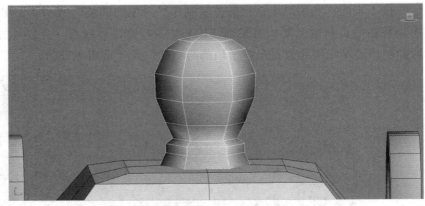

图4-14　利用圆柱体模型制作顶部装饰结构

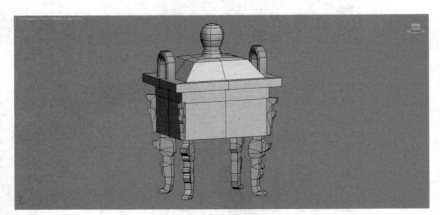

图4-15　香炉主体模型完成效果

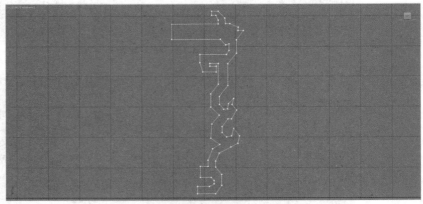

图4-16　绘制样条线

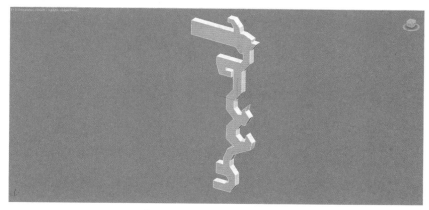

图 4-17　添加 Extrude 修改器

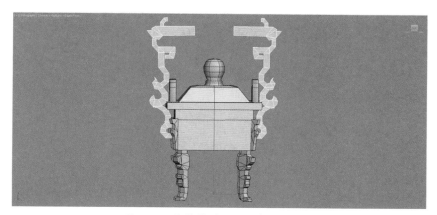

图 4-18　将装饰模型放置在香炉两侧

　　在视图中创建 BOX 模型，通过编辑多边形命令将其制作成图 4-19 中的形态，用到的命令就是面层级下的 Extrude、Bevel 和 Inset 等，制作方法比较简单，这里就不进行讲解了。将完成的模型结构放置在香炉模型正上方，装饰结构中间的位置（见图 4-20）。同样，利用画线、挤出的方法制作新的装饰结构（见图 4-21）。

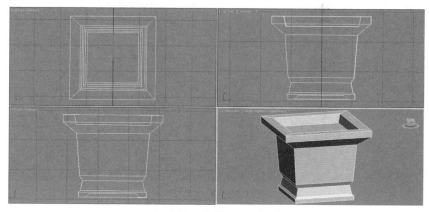

图 4-19　编辑 BOX 模型

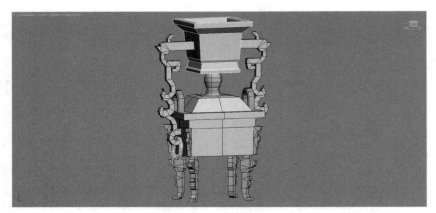

图 4-20　调整模型位置

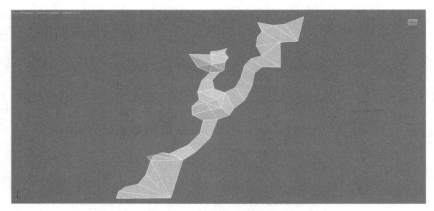

图 4-21　制作新的装饰结构

　　将其放置在香炉下方，与香炉腿部相结合，这里仍然可以利用调整轴心点和镜像复制的方法快速完成（见图 4-22）。复制香炉四角的装饰结构，将其放置在香炉底部，起到衔接作用（见图 4-23）。利用圆柱体模型制作一个四角底座模型（见图 4-24）。

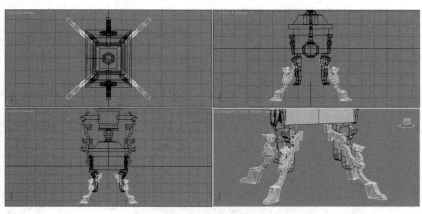

图 4-22　镜像复制

图 4-23　复制装饰模型

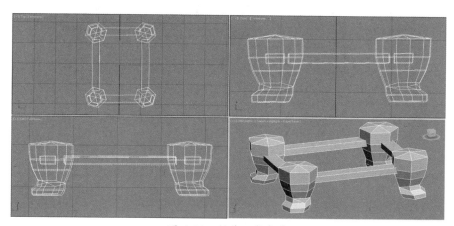

图 4-24　制作四角底座

　　在四角底座模型下方利用 BOX 模型再制作一个底座结构（见图 4-25），然后将其与香炉模型和装饰结构进行拼接（见图 4-26），这样整个香炉模型就基本制作完成了，最后效果如图 4-27 所示。

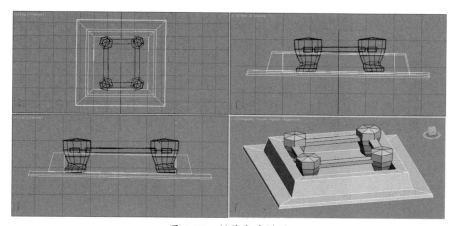

图 4-25　制作底座模型

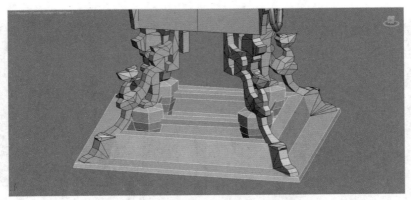

图 4-26　拼接模型

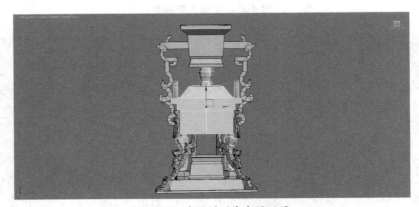

图 4-27　香炉模型完成的效果

　　我们为香炉主体模型制作的装饰结构就好像给香炉穿上了一层"外衣"，从功能和结构完整性来看，内部的香炉模型已经基本完成，而香炉外面的复杂结构仅仅是起到了装饰以及增强细节的作用，这种制作方法和思路也是三维游戏场景模型制作中经常用到的。

　　模型制作完成后，需要对模型进行 UV 拆分和贴图绘制。UV 的拆分将按照香炉主体和装饰结构分成两部分，后期也将分成两张贴图进行绘制。这里我们需要将模型所有的 UV 面都进行平展，利用画线、挤出制作的装饰结构可以按照两部分进行拆分，如图 4-28 所示，而其他模型面单独进行平展即可。图 4-29、图 4-30 所示为模型 UV 拆分的效果，图 4-31 所示为香炉模型最终添加贴图后的效果。

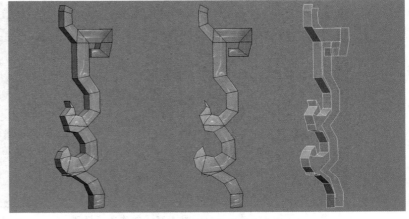

图 4-28　模型 UV 的拆分方法

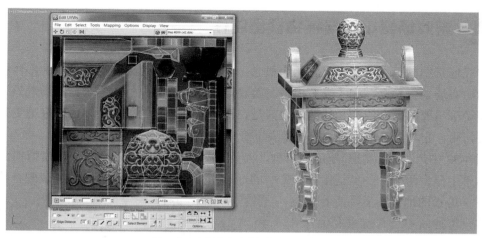

图 4-29 香炉主体模型的 UV 拆分

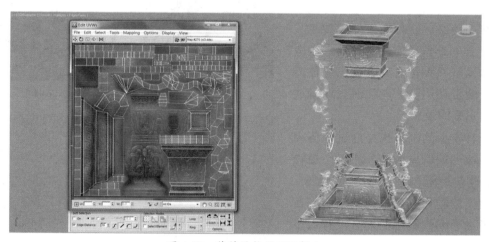

图 4-30 装饰结构的 UV 拆分

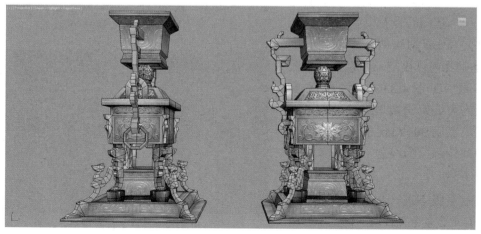

图 4-31 模型最终完成的效果

4.2　游戏场景山石与植物模型制作　▶ ▶ ▶

　　游戏场景中的山石实际上包含两个概念——山和石。山是指游戏场景中的山体模型；石是指游戏场景中独立存在的岩石模型。游戏场景中的山石模型在整个三维场景设计和制作范畴是极重要的一个门类和课题，尤其是在游戏野外场景的制作中，山石模型更是发挥着重要作用，它与三维植物模型一样都属于野外场景地表的主体模型。

　　图4-32中远处的高山就是山体模型，而近景处的则是岩石模型。山体模型在大多数游戏场景中分为两类：一类是作为场景中的远景模型，与引擎编辑器中的地表配合使用，作为整个场景的地形山脉而存在，这类山体模型通常不会与玩家发生互动关系，简单地说就是玩家不可攀登。另一类则恰恰相反，需要建立与玩家间的互动关系，此时的山体模型在某种意义上也充当了地表的作用。这两类山体模型并不是对立存在，往往需要相互配合使用，才能让游戏场景达到更加完整的效果。

图 4-32　游戏场景中的山体和岩石模型

　　岩石模型的制作也是通过几何模型的多边形编辑完成的，相对于植物模型、建筑模型、场景道具模型来说，岩石模型的制作过程最简单，所以在模型多边形编辑制作的部分没有太多需要讲解的，这里只针对岩石模型制作中的一些小技巧进行讲解。下面先来制作一个基础的岩石模型。

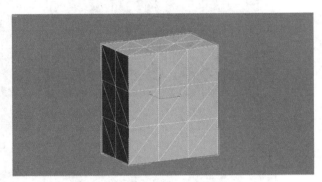

图 4-33　创建 BOX 模型

　　首先在 3ds Max 视图中创建一个 BOX 基础几何体模型，并设置好合适的分段数（见图4-33）。将 BOX 模型塌陷为可编辑的多边形，进入点层级模式，利用 3ds Max 的正视图调整模型的外轮廓，形成岩石的基本外形（见图4-34）。

　　在点层级下进一步编辑调整，同时利用 Cut 等命令在合适的位置添加边

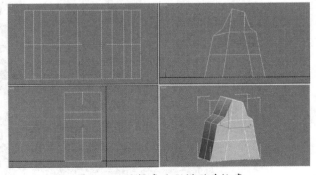

图 4-34　编辑多边形模型外轮廓

线，让岩石模型整体区域圆润，形成体量感（见图4-35）。接下来需要制作岩石表面的模型细节，利用Cut命令添加划分边线，然后利用面层级下的Bevel或者Extrude命令制作出岩石外表面的突出结构，可以根据岩石形态多制作几个这样的结构（见图4-36）。图4-37就是最终制作完成的岩石模型，可以通过四视图观察其整体形态结构，整体模型用面非常简练，像这种基础的单体岩石模型在实际项目制作中通常控制在100面左右。

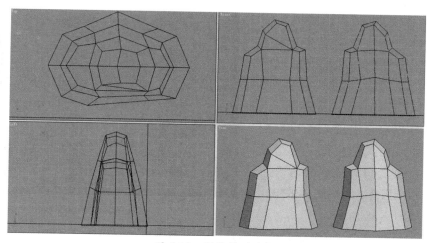

图 4-35 调整模型结构

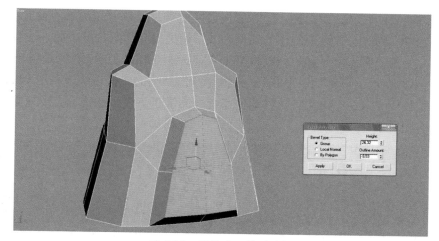

图 4-36 制作岩石模型结构

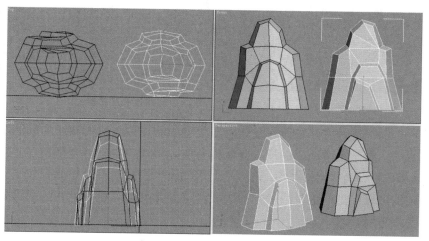

图 4-37 制作完成的岩石模型

初步制作出来的岩石模型一般来说是没有设置光滑组的，这里就出现了一个问题，如果将这样的模型添加贴图后直接导入游戏中会出现光影投射问题，尤其是模型多边形面与面之间的边线会有严重的锯齿感，影响整体效果，如图4-38所示。

图4-38　游戏中的岩石模型问题

要想解决这个问题就必须对岩石模型进行光滑组设置，我们在多边形编辑模式下进入面层级，选择所有的多边形表面并将其设置为统一的光滑组编号，这样就解决了模型导入游戏后的光影投射问题。但新的问题随之产生，统一光滑组的设置会使岩石模型整体过于圆滑，同时会让之前制作的模型细节结构失去立体感，解决的方法有以下两种。

第一种方法是通过修改模型来实现。如图4-39所示，左侧是统一设置光滑组后的模型，整体缺少立体感，我们可以选择模型凸出结构的转折边线，利用Chamfer命令将转折边线制作成"双线"结构，这样即使在统一光滑组下模型结构也会十分立体，效果如图4-39中右图所示。

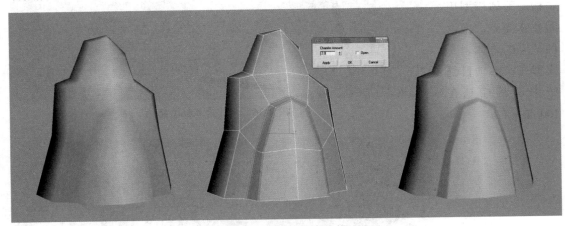

图4-39　制作双线结构

以上这种方法在游戏场景山石模型的制作中被称为双线勾勒法。这种方法的最大优点就是，统一光滑组下的模型既保持了实际游戏中良好的光影投射效果，同时也突出了自身结构的立体感和体量感；缺点是会增加模型面数，不过想要制作结构十分复杂并且凹凸感强的山石模型，这是最有效的手段（见图4-40）。在次世代游戏场景的制作中，这种方法尤为常用。

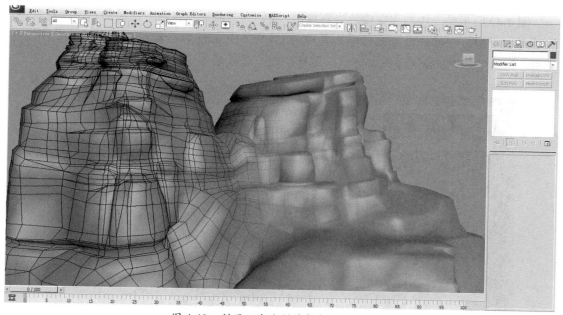

图 4-40　利用双线法制作复杂的山体模型

第二种方法是通过设置光滑组来实现的。可以通过对岩石模型的不同结构设置不同的光滑组，让细节结构更加分明、突出（见图 4-41）。这种方法有一个缺点，那就是在某些情况下仍然会出现光影投射问题，所以在实际游戏项目制作中是选择双线法还是设置光滑组，需要根据游戏对模型面数和整体效果的要求进行权衡。

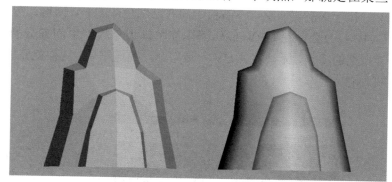

图 4-41　设置不同的光滑组效果

要想把游戏场景中的山石模型制作得真实自然，40% 靠模型来完成，而剩下 60% 要靠模型贴图来完善。模型仅仅是创造出了石头的基本形态，其中的细节和质感必须通过贴图来表现。现在大多数游戏项目制作中对于山石模型贴图最常用的类型就是四方连续贴图，所谓四方连续贴图，就是指在 3ds Max UVW 贴图坐标系统中，贴图在上、下、左、右四个方向上可以实现无缝对接，从而达到可以无限延展的贴图效果。连续贴图的知识在前面的章节中已经详细讲解过，这里就不再赘述，下面了解一下游戏场景中山石模型的基本贴图技巧。

　　图 4-42 所示是一块制作完成的岩石模型，我们为其添加一张四方连续的石质纹理贴图，然后选中模型，在堆栈命令窗口中为其添加 UVW Mapping 修改器，选择合适的贴图投射类型，这里选择 Planar（平面）方式，这样贴图纹理就基本平展在模型上了。

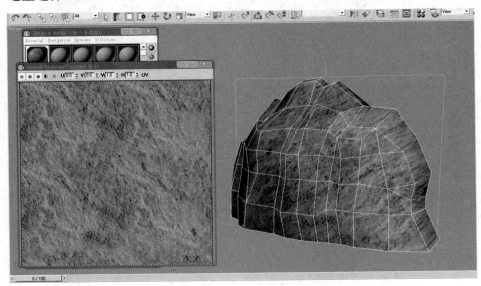

图 4-42　添加 UVW Mapping 修改器

　　接下来需要调整一下石头中间有贴图拉伸的 UV 网格，在堆栈窗口中为其添加 Unwrap UVW 修改器，在 UVW 编辑器中简单地调整模型中间部分的 UV 网格点线，由于岩石纹理自然的特点，无须将其 UV 网格完全仔细地平展，这样就完成了岩石模型贴图的添加（见图 4-43）。

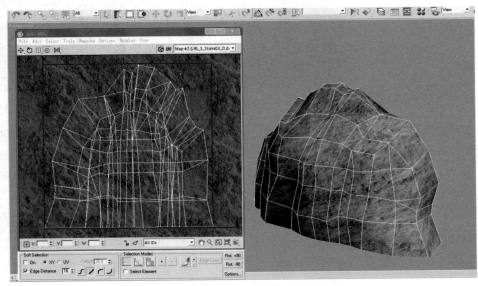

图 4-43　展平模型 UV

对于游戏场景中的一些大型或者特殊的山石模型，如果使用上面的方法来制作，还必须将 UV 网格根据岩石的结构进行更细致的拆分，然后利用大尺寸贴图对细节进行详细的刻画绘制（见图 4-44）。其实这种方法类似于游戏角色贴图的制作方法，优点是可以充分地表现出山石模型的结构特点和纹理细节，制作出生动自然且独一无二的山石模型；缺点是随着项目的深入，伴随越来越多的模型产生过多的贴图资源，增加了游戏引擎的负担。因此在大型游戏项目的研发中，这并不是最通用的山石模型贴图的制作方法。

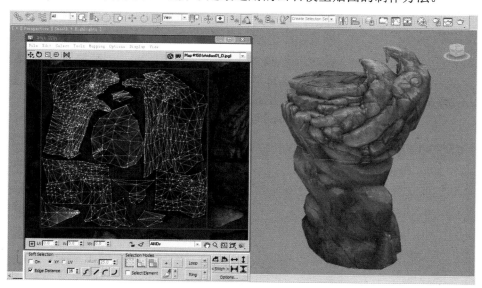

图 4-44　结构面数复杂的岩石模型

3D 游戏场景中的植物模型主要用插片法来制作，所谓插片法，就是为避免产生过多模型面数，用 Alpha 贴图来制作植物枝干和叶片的方法。首先需要在 Photoshop 中制作出贴图的 Alpha 通道，并储存为带有通道的不透明贴图格式，然后将贴图添加到 3ds Max 的材质球上，分别需要指定到材质球的 Diffuse 和 Opacity 通道中。如果想要在 3ds Max 的视图中看到镂空效果，则需要进入 Opacity 通道，将 Mono Channel Output 选项设置为 Alpha 模式，将材质球添加到 Plane 面片模型上就会看到不透明贴图的效果了，这样当 Plane 模型面对摄像机的时候就会模拟出非常好的植物叶片效果（见图 4-45）。

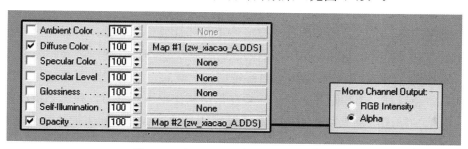

图 4-45　在 3ds Max 中添加 Alpha 贴图

在实际的三维游戏中，玩家可以从任意视角观察模型，所以当摄像机转到 Plane 侧面的时候就会出现"穿帮"，这就是插片法需要解决的问题。图 4-46 左侧就是带有通道的植物贴图，为了解决穿帮问题，我们可以将 Plane 模型按中轴线旋转复制，并与原来的 Plane 模型成 90°角，同时制作为双面效果，这样无论摄像机从哪个角度观看都不会出现穿帮现象，这就是在三维场景植物制作中常用的十字插片法。十字插片法是三维游戏雏形时期用来制作树木的主要方法，但如果将这样的植物模型大面积地用在游戏场景中，尤其是近景区域，那整体效果将会十分粗糙。所以现在的三维游戏制作，类似这样的植物模型通常用于玩家无法靠近的远景区域，或者是用来制作地表的花草植被、低矮灌木等。

虽然我们无法利用一组十字插片的 Plane 模型来作为树木模型，但我们可以绘制一组树木枝干连同树叶的 Alpha 贴图，将其添加到 Plane 模型上，并制作成一组十字插片，然后就可以将这组十字插片复制穿插到树木主干上，通过旋转、缩放、复制等操作最终制作出了完整的树木模型，如图 4-47 所示。

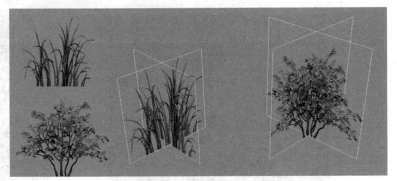

图 4-46　十字插片法

在制作 3D 网络游戏场景中的树木模型时要注意三点：一是要严格控制模型面数，因为树木模型要在场景中大面积使用，要尽可能地节省资源；二是树木模型的形态

图 4-47　利用十字插片法制作树木枝叶

不能过于夸张，要保证其一般的特性，模型枝干和叶片要均匀制作，可以通过旋转不同的角度来使用；三是模型的 Alpha 贴图要能够随时替换，这样可以通过替换贴图来快速制作出新的树木模型。另外，Alpha 贴图绘制得越精细、真实，通道镂空得越精确，最后整体的叶片效果就会越好。植物贴图的绘制需要在日常制作中不断练习，在随书资源中提供了众多优秀的植物贴图，供大家参考。下面通过实例具体讲解如何利用插片法来制作 3D 游戏场景中的植物模型。

首先，打开 3ds Max 软件，在视图中创建一个 Plane 面片模型，然后向材质球中添加一个带有 Alpha 通道的绿草贴图，并将其添加到 Plane 模型上，效果如图 4-48 所示。

图 4-48　为 Plane 模型添加 Alpha 贴图

接下来选中 Plane 模型，单击视图右侧的 Hierarchy 面板，通过 Affect Pivot Only 按钮激活模型的轴心点，将其向一侧移动（见图 4-49）。然后关闭 Affect Pivot Only 按钮，选中 Plane 模型，按住 Shift 键将模型进行旋转复制，将其相互围绕成三角形结构（见图 4-50）。

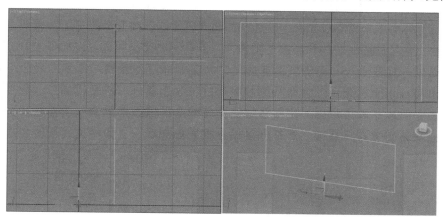

图 4-49　调整轴心点

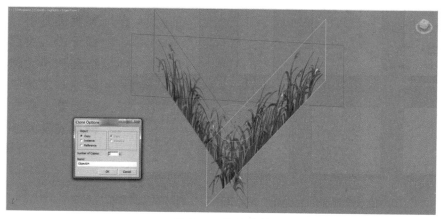

图 4-50　旋转复制

　　对于地表上的单棵花草植物一般会利用十字插片法进行制作，而对于连成片的草丛通常利用上面的方法进行制作，这样基本形成了一个从任何侧面观看都不会"穿帮"的模型结构。当然仅仅这样做还是不够的，下面还要对其进行细化处理。

　　在三个 Plane 模型围成的三角形正中间创建一个八边形圆柱体模型（见图4-51），将其塌陷为可编辑的多边形，首先删除模型顶面和底面，然后进入点层级调整相应的顶点，利用缩放命令将模型上面制作成喇叭口形状（见图4-52）。同时为其添加与 Plane 相同的 Alpha 贴图，由于圆柱体自带贴图坐标，所以这里只需要进入 UV 编辑器调整 UV 网格即可。接下来为了制作细节层次效果，将编辑完成的圆柱体模型复制一份，利用缩放命令向内收缩调整，形成内部的花草层次细节（见图4-53）。

图 4-51　创建圆柱体模型

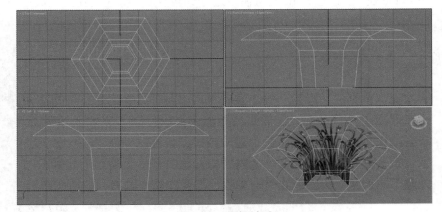

图 4-52　编辑模型

图 4-53　复制模型制作层次细节

利用圆柱体模型制作花的茎部结构，由于模型较细，为了减少模型面数，这里将圆柱体边数设定为 3，茎的顶部可以将模型顶点全部焊接为一个点（见图 4-54）。

接下来利用十字 Plane 面片模型制作茎部上方的花（见图 4-55），这就是典型的十字插片法的应用，花的贴图也是 Alpha 贴图，最终效果如图 4-56 所示。

这样模型就基本制作完成了，但这时的模型都是单面的，没有双面效果，下面介绍一下双面模型的制作方法。植物模型制作完成以后，在导入游戏引擎编辑器之前，三维美术师必须在 3ds Max 中将植物带有 Alpha 贴图的模型部分处理成双面效果。最简单的方法就是选中材质球设置中的 2-Sided 选项（见图 4-57 左侧），这样贴图材质就有双面效果了。虽然现在大多数的游戏引擎也支持这种设置，但这却是一种

图 4-54　制作茎部

图 4-55　制作十字面片

图 4-56　添加花贴图后的效果

不可取的方法，因为这样会大大加重游戏引擎和硬件的负载，在游戏公司实际项目制作中不提倡这种做法。

正确的做法是：选择植物叶片模型，按 Ctrl+V 组合键原位置复制一份模型，然后在堆栈命令列表中为新复制的模型添加 Normal（法线）命令，将新复制的模型法线进行翻转，这样就形成了无缝相交的双面模型效果，如图 4-57 右侧所示。虽然这种方法增加了模型面数，但是却并没有给引擎和硬件增加多少负担，这也是当下游戏制作领域最通用的双面模型效果的制作方法。

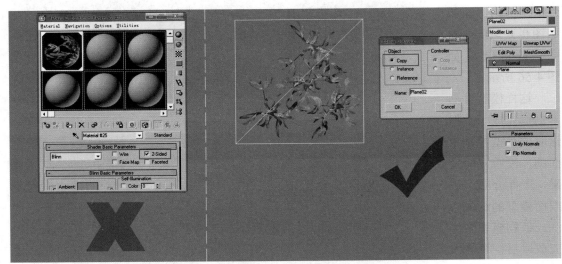

图 4-57 植物双面效果的正确制作方法

我们在视图中将制作完成的花草植物模型进行穿插复制摆放，利用旋转命令和缩放命令进行调整，让整体模型更加自然，这样可以模拟游戏引擎中实际场景的效果（见图 4-58）。

图 4-58 最终完成的效果

进阶游戏场景模型制作

5.1　游戏场景建筑模型的分类

　　建筑模型是三维游戏制作的主要内容之一，它是游戏场景主体构成中十分重要的一环，无论是网络游戏还是单机游戏，场景建筑模型都是其中必不可少的，对于三维建筑模型的熟练制作也是场景美术设计师必须掌握的基本能力之一。

　　其实，在游戏制作公司中，三维游戏场景设计师有相当多的时间是在设计和制作场景建筑，从项目开始就要忙于制作场景试验所必需的各种单体建筑模型，随着项目的深入，逐渐扩展到复合建筑模型，后期是主城、地下城等整体建筑群的制作，所以对于建筑模型制作的能力以及建筑学知识的掌握是游戏制作公司评价场景美术师的最基本的标准。新人进入游戏公司后，最先接触的就是场景建筑模型，因为建筑模型大多方正有序、结构明显，只需掌握3ds Max最基础的建模功能就可以进行制作，所以这也是场景制作中最容易上手的部分。

　　在学习场景建筑模型制作之前，要了解游戏中不同风格的建筑分类，这主要根据游戏的整体美术风格而言，首先要确立基本的建筑风格，然后抓住其风格特点，这样制作出的模型才能生动贴切，符合游戏所需。

　　现在市面上的游戏，从游戏题材上可以分为历史、现代和幻想三种类型。历史类的游戏就是以古代为题材的游戏，如国内目标公司的《傲视三国》《秦殇》系列，法国育碧公司的《刺客信条》系列。现代类的游戏就是贴近我们生活的当代背景下的游戏，比如美国EA公司的《模拟人生》系列，RockStar公司的《侠盗飞车》系列。幻想类的游戏就是以虚拟构建出的背景为题材的游戏，比如日本SE公司的《最终幻想》系列。

　　如果按照游戏的美术风格来分，游戏又可以分为写实和卡通两种类型。写实类的场景建筑就是按照真实生活中人与物的比例来制作的建筑模型；而卡通类的游戏就是我们通常所说的Q版风格，比如韩国NEXON公司的《跑跑卡丁车》，网易公司的《梦幻西游》等。另外，如果按照游戏的地域风格来分，游戏又可以分为东方和西方两种类型。东方游戏主要指中国古代风格的游戏，国内大多数MMORPG游戏都属于这个风格；西方游戏主要是指欧美风格的游戏。

　　综合以上各种不同的游戏分类，我们可以把游戏场景建筑风格分为以下几种类型，下面让我们通过图片来进一步认识不同风格的游戏场景建筑。

1 中国古典建筑（见图 5-1）

图 5-1 《古剑奇谭》中的中国古典建筑主城

2 西方古典建筑（见图 5-2）

图 5-2 《七大奇迹》中古代希腊风格的神殿

3 Q 版中式建筑（见图 5-3）

图 5-3 Q 版中式建筑民居

④　Q 版西式建筑（见图 5-4）

图 5-4　《龙之谷》中的 Q 版西式建筑城堡

⑤　幻想风格建筑（见图 5-5）

图 5-5　《TERA》中的西方幻想风格建筑

⑥　现代写实建筑（见图 5-6）

图 5-6　游戏中的现代写实风格建筑

5.2 游戏场景建筑模型制作 ▶ ▶ ▶ ▶

  单体建筑模型是指在三维游戏中用于构成复合场景的独立建筑模型，它与场景道具模型一样也是构成游戏场景的基础模型单位。单体建筑模型除了具备独立性以外，还具有兼容性，这里所谓的兼容性，是指不同的单体建筑模型之间可以通过衔接结构相互连接，进而组成复合的建筑模型。学习单体建筑模型的制作是每位游戏场景设计师必修的基本功课，对其掌握的深度也直接决定和影响日后复合建筑模型以及大型三维游戏场景的制作能力，所以对本章内容的学习一定要遵循从精、从细的原则，扎实地掌握每一个制作细节，同时要加强日常练习，为以后大型场景的制作打下基础。

  其实，没必要把场景建筑的学习制作考虑得过于困难和复杂，对于场景建筑模型来说最重要的就是"结构"，只要紧抓模型的结构特点，制作将变得十分简单。由于以上原因，所以对于原画设定的分析和把握在整个制作流程中将会是重中之重，对于我个人而言会把这一过程看得比实际制作还要重要，对原画设定中模型结构特点的清晰把握，不仅会降低整体制作的难度，还会节省大量的制作时间。本章的学习和前面的实例制作一样，都会在实际制作前进行原画分析，同时从本章开始会大量涉及建筑学的知识和术语，在制作讲解中会顺便扩充大家外延领域的专业知识。

  图 5-7 是一张中国古代传统民居建筑的设定图，主体结构一目了然，而线稿原画把细节部分也交代得很清楚。这种标准的结构设定图很适合新手参照，要知道在游戏制作公司中，并不是每一张原画都会把结构交代得如此明确，所以对建筑学基本结构的了解对日后进入一线制作公司有着重要意义，凭借自己掌握的建筑学知识不仅能够完善原画中交代不明确的结构部分，还可以在原画的基础上加入自己的发挥创作，让模型变得更加完美。

图 5-7 场景建筑设定图

我们先来分析模型结构，从整体来看模型分为房屋主体和外墙两个大的部分，房屋的主体是一座上下两层的传统悬山式建筑，乍看之下结构十分复杂，但只要归纳出各部分结构，房屋主体模型的制作还是相当简单的。房屋上层包括悬山式的屋顶结构，下面包含窗户的墙体部分；下层主要包括正门、侧门以及凸出的附属建筑结构（正门、侧窗和檐顶），还有与房屋连接的布帘结构，房屋的上层与下层之间靠一层楼板相隔，楼板上有围栏，各墙体转折靠柱式结构来衔接。外墙部分主要包括沿顶结构、中间墙体和地基三部分。

经过简单的分析后就将一个整体的建筑模型拆分成几大部分，包括各种房顶结构、门窗结构、柱式结构和基本墙体等，只需要将每一部分的模型分别制作完成，然后再整体拼合到一起即可。图 5-8 所示为建筑模型制作流程示意图。模型的整体制作基本遵循从零到整、从上到下的思路和流程，通过自己的分析让复杂问题简单化，在厘清基本的制作思路后，再开始模型的实际制作。

先来制作外墙部分，在 3ds Max 中利用 BOX 建立基本的墙

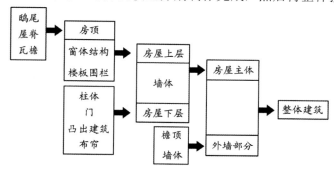

图 5-8 建筑模型制作流程

体结构，通过编辑多边形得到图中所示的外墙模型（见图 5-9）。处理外墙底部，利用多边形面层级下的倒角、挤出等命令制作出墙体的地基部分（见图 5-10）。将外墙顶部利用挤出命令做出墙顶结构，为下一步制作墙顶瓦檐结构做准备（见图 5-11）。

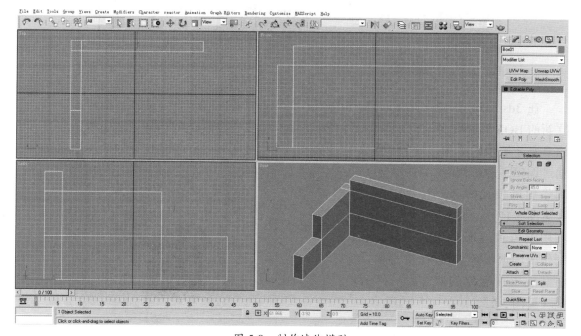

图 5-9 制作墙体模型

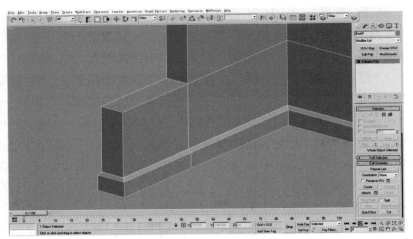

图 5-10　制作墙底结构

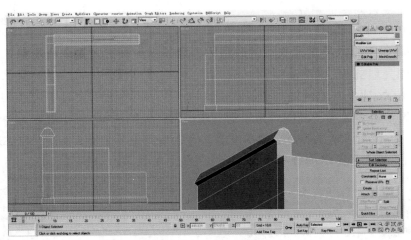

图 5-11　制作墙顶部结构

在 3ds Max 中建立新的 BOX 模型，并沿着刚才墙顶的结构，通过编辑多边形命令，制作出墙顶瓦檐部分（见图 5-12）。同样，利用编辑多边形命令制作出墙顶屋脊结构，将其放置在瓦檐的两端（见图 5-13）。

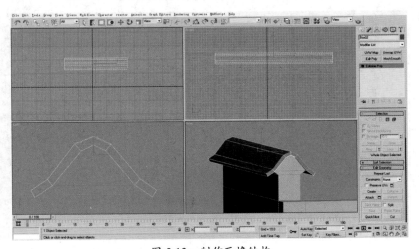

图 5-12　制作瓦檐结构

这样外墙的模型就制作完成了，然后进一步整理模型的线面，利用焊接顶点减少多余的边线，删除多余的多边形面，例如包裹在模型内部看不到的面和墙体的底面等（见图5-14）。这种高低错落的外墙结构多见于中国南方的建筑形式，一般建筑两端都会用到这样的山墙，主要作用是隔开住宅和防火。根据不同地方的建筑特点，山墙的形态也各不相同，常见的有人字形、锅耳形和波浪形等。

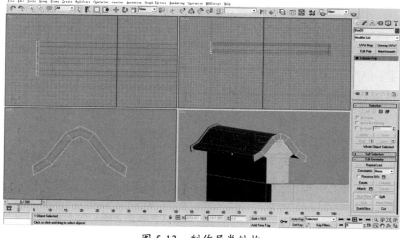

图 5-13　制作屋脊结构

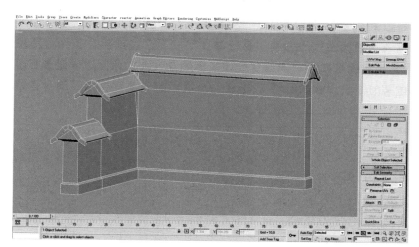

图 5-14　制作完成的墙体模型

下面开始制作房屋主体的屋顶部分，还是利用BOX建立基本模型，然后利用编辑多边形命令制作出屋顶的瓦檐和两侧的屋脊结构（见图5-15）。

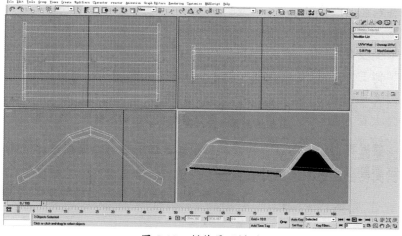

图 5-15　制作屋顶模型

利用编辑多边形命令制作出房屋上层墙体的基本结构，这里注意：屋顶的瓦檐和屋脊要稍长于墙体的长度（见图5-16）。前面提到这座房屋属于悬山式建筑，所谓悬山式建筑，就是指屋顶两端平行且宽于房屋侧墙的建筑结构。

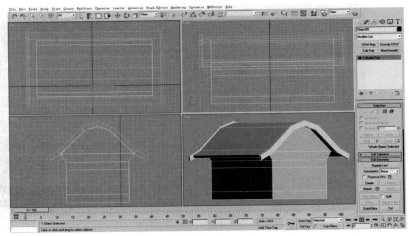

图 5-16　制作建筑墙体模型

利用编辑多边形命令制作出屋顶主脊两端的鸱尾结构（见图5-17），进一步制作出房屋的主脊，并将其放置在屋顶正中的位置上（见图5-18）。图5-19所示的就是悬山式屋顶下方靠近墙体的内部支撑结构，其实就是复制的房屋侧脊模型，并缩小对齐到墙面的合适位置，然后再制作一个三角形的支撑结构。这种类似三角形的支撑结构在后面建筑模型中会大量用到，专业的建筑学术语叫作"雀替"，形制纹饰多种多样，其功能就是用于建筑结构的辅助支撑。

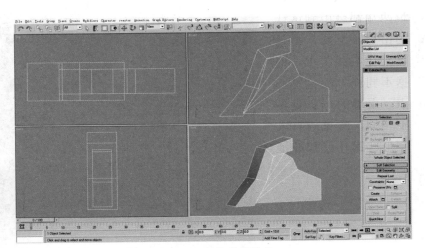

图 5-17　制作鸱尾结构

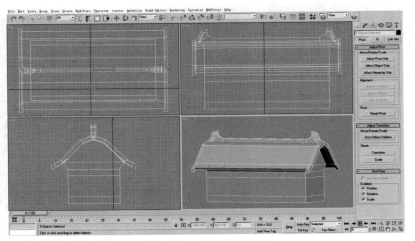

图 5-18　制作屋脊模型

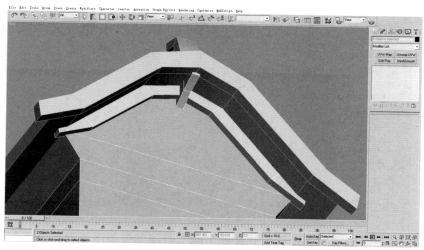

图 5-19　制作支撑结构

　　将上层墙体模型顺势向下延伸，制作出下层墙体的大致模型，并制作出墙面转折衔接的柱式结构（见图 5-20）。对于建筑模型来说，通常转折面处的结构会暴露低模的粗糙、瑕疵，所以一般在模型转折面或者模型结构的交叉面处会制作一些衔接结构，用于掩盖低模的缺点，具体到这里就是上面用到的柱式结构。在建筑结构中，立柱也起到建筑支撑的作用。

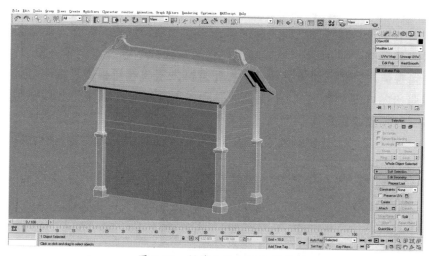

图 5-20　制作立柱和墙体模型

　　在房屋上下两层之间制作出间隔的楼板以及上面的围栏结构（见图 5-21），这些结构都是由简单的盒式模型制作的，这里不做过多讲解。然后制作出房屋下层的门体结构（见图 5-22），制作方法相对简单，主要包括瓦檐屋脊结构、门柱和支撑结构，而对于门来说只是一个平面，具体的细节靠后期模型贴图来完善。将门体模型放置在下层房屋墙体的合适位置（见图 5-23）。

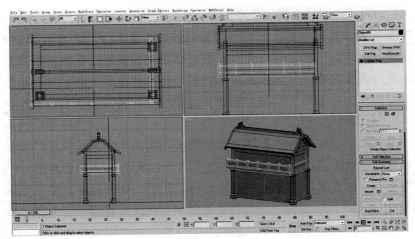

图 5-21　制作围栏结构

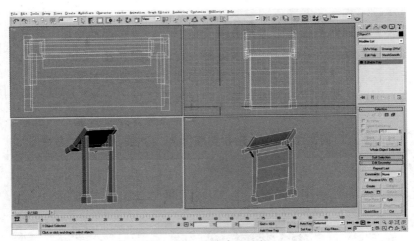

图 5-22　制作房门结构

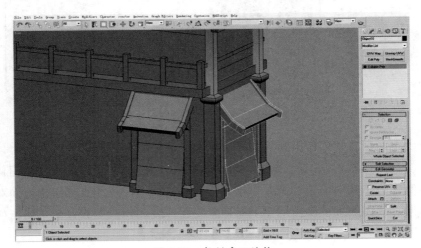

图 5-23　复制房门结构

接下来制作下层房屋前面凸出的附属建筑模型，其实这里就是一个房屋模型，结构非常简单，模型上的结构都可以用前面制作出的模型复制拼接组成，大多数的细节仍然要靠后期的贴图来表现（见图5-24）。

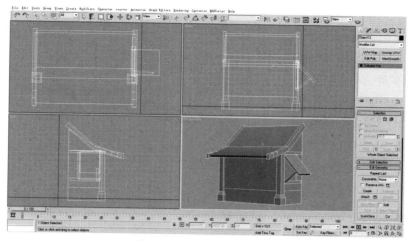

图 5-24 制作附属建筑结构

继续制作出上层房屋侧面的窗体结构，同围栏模型一样基本也是由盒式模型组成的，这里也不做过多讲解（见图5-25）。将前面制作的所有模型结构都拼合到一起就完成了建筑基本的整体模型（见图5-26）。

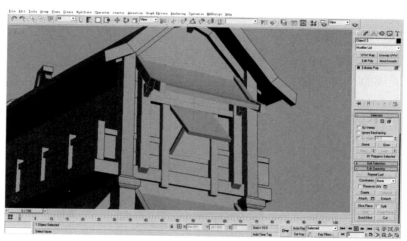

图 5-25 制作窗户结构

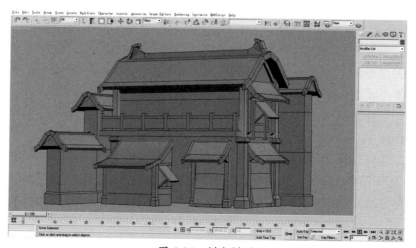

图 5-26 拼合模型

进一步丰富下层墙体的模型细节，包括楼板下的倒角结构和地基结构等，然后多复制几个雀替放置在楼板下，用于支撑房体结构（见图5-27）。接下来就是精简模型线面，焊接顶点，减少边线并删除多余的多边形面。

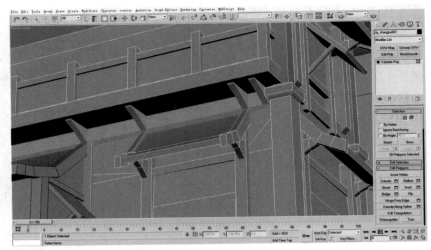

图 5-27　制作细节结构

将模型整理后再制作出与房屋相连的一些布条装饰，这样民居模型就制作完成了（见图5-28）。打开 Polygon count 工具，两千二百余面，整体模型十分紧凑，符合三维场景建筑模型的制作要求。

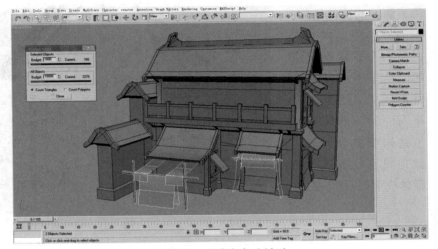

图 5-28　制作完成的模型

接下来就是对制作完成的模型进行贴图，前面多次提到过，对于场景建筑模型来说，大部分细节要靠贴图完成，例如砖瓦的细节、墙体的石刻、木纹雕刻、门窗细部结构等全都是通过贴图实现的。

建筑模型贴图与场景道具模型贴图不同，除了屋脊等特殊结构的贴图外，一般要求制作成循环贴图。墙体和地面石砖贴图等通常是四方连续贴图，木纹雕饰、瓦片等一般是二方连续贴图，同一个模型的不同表面都可以重复应用不同的贴图，贴图坐标投射方式一般采用平面映射法，要求充分利用循环贴图的特点来展开 UV 网格。图 5-29 所示就是模型贴图完成后的一些细节部分的展示。

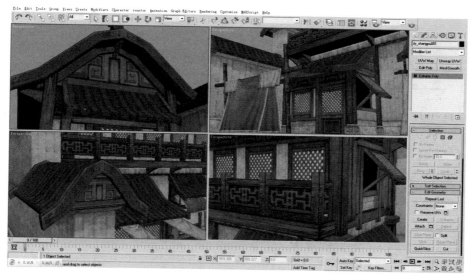

图 5-29　模型贴图效果

　　看似复杂的一个建筑模型，其实贴图也才十张左右，图 5-30 所示就是模型应用的全部贴图。这里要说一下贴图命名的问题，不同的游戏制作公司对贴图的命名有不同的要求，其实贴图的名称对于游戏引擎并没有实际作用，只是便于在游戏制作中进行区分，合理的命名规则也可以避免之后导入到游戏引擎贴图库中发生重名的情况。一般来说，贴图名称包括三部分：前缀、名称和后缀。贴图名称的前缀有时候代表游戏场景的简称，有时也用制作者的姓名简称来命名；中间就是贴图名称的拼音或者英文（游戏引擎不支持中文字体，所有命名必须全部用英文字母）；后缀通常就是贴图的序号，如果引擎支持法线贴图和高光

贴图，则为"_B"或"_S"（一般用"_B"表示法线贴图，用"_S"表示高光贴图）。作为一名合格的游戏三维场景美术设计师，不仅要能够控制模型面数，对于贴图的整体规划和把握也是日后学习和工作中训练的重要方向。图 5-31 所示就是建筑模型完成的最终效果。

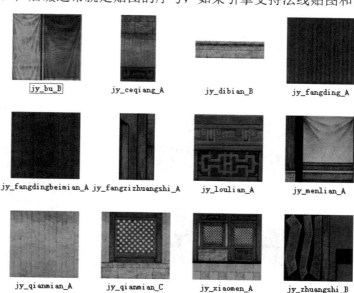

图 5-30　模型应用的所有贴图

图 5-31 最终完成的模型效果

5.3 Q 版游戏建筑模型制作 ▶▶▶▶

　　Q 版建筑是游戏场景建筑中比较独特的门类，其制作方法并不复杂，主要是对建筑特点和风格的把握。图 5-32 所示为本节 Q 版游戏场景建筑的原画设计图，两个建筑都是以中国传统建筑为基础进行的设计，Q 版化主要体现在建筑整体的轮廓和造型上，建筑整体为圆柱体，除墙体以外，还增加了很多圆柱形的建筑装饰结构，门窗也都设计成圆形，增强了建筑的 Q 版化风格。除此以外，第二个建筑屋顶上还有一个鱼形装饰，更增添了建筑的 Q 版氛围。下面开始实际模型的制作。

图 5-32 Q 版游戏建筑原画

首先，在 3ds Max 视图中创建一个八边形圆柱体模型（见图 5-33）。将模型塌陷为可编辑的多边形，放大模型底面，同时执行面层级下的 Extrude 命令将模型面挤出，将其作为建筑的屋顶结构（见图 5-34）。选中下面的模型面，执行面层级下的 Inset 命令，将面向内收缩（见图 5-35）。然后将收缩的模型面继续向下挤出（见图 5-36）。

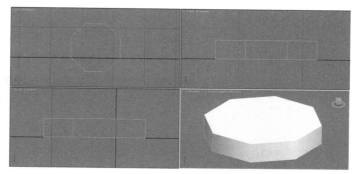

图 5-33　创建圆柱体模型

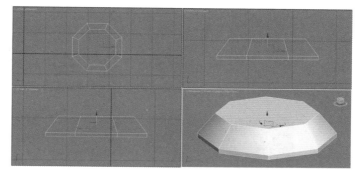

图 5-34　放大模型底面

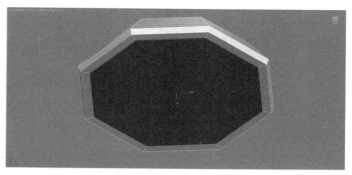

图 5-35　收缩模型面

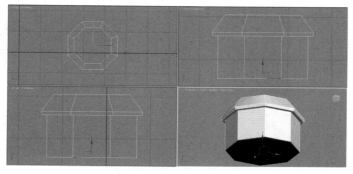

图 5-36　向下挤出模型面

进入多边形边层级，选中基础模型侧面的所有边线，利用 Connect 命令增加两条横向分段边线（见图 5-37）。进入点层级，调整模型的顶点，将圆柱中间放大，制作出模型的 Q 版特点（见图 5-38）。然后继续将模型底面向下挤出，制作出下方的边棱结构（见图 5-39）。

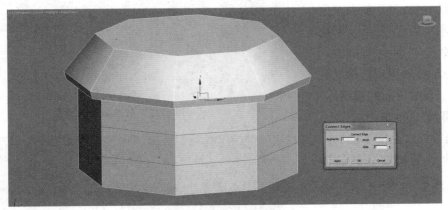

图 5-37　增加分段边线

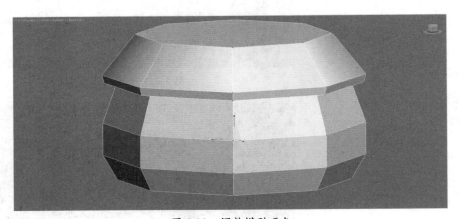

图 5-38　调整模型顶点

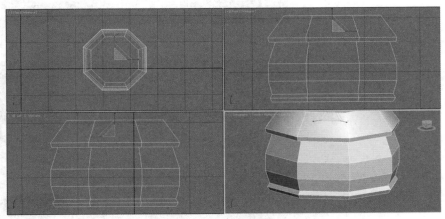

图 5-39　制作下方的边棱结构

利用 BOX 编辑制作屋脊模型，这里仍然要把握 Q 版建筑结构的特点，屋脊上窄下宽，效果如图 5-40 所示。将制作完成的屋脊模型放置到屋顶的一条边棱上，然后将屋脊模型的轴心点与建筑主体的中心对齐（见图 5-41）。接下来就可以利用旋转复制的方式快速完成其他屋脊模型的制作（见图 5-42）。

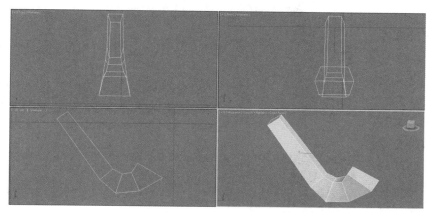

图 5-40　制作屋脊模型

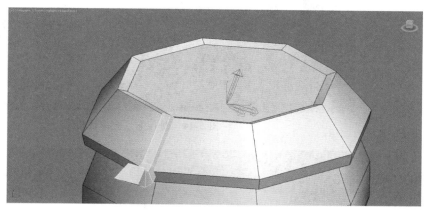

图 5-41　调整屋脊轴心点

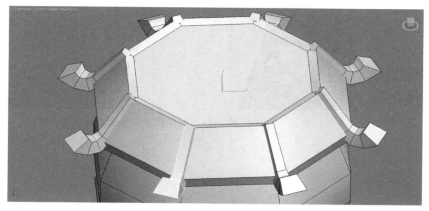

图 5-42　旋转复制得到其他屋脊模型

接下来在视图中创建五边形圆柱体模型，仍然要制作成上窄下宽的Q版风格，将窄的一端穿插到建筑墙体下面（见图5-43）。将圆柱体模型复制一份，进行放大，将其放置在建筑下面，作为木质支撑结构，然后通过调整轴心点和旋转复制的方式快速完成其他结构的制作（见图5-44）。

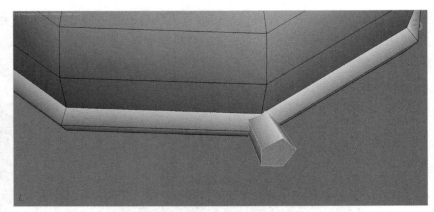

图 5-43 制作圆柱体装饰模型

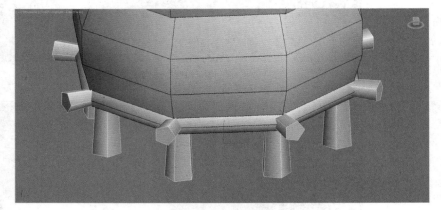

图 5-44 制作下方支撑结构

最后我们用一个板状的BOX模型作为木板楼梯结构，然后在建筑旁边制作场景道具模型（见图5-45），这样一个Q版建筑模型就制作完成了，效果如图5-46所示。

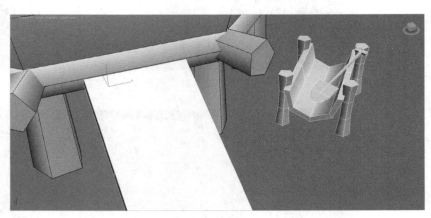

图 5-45 制作楼梯和场景道具模型

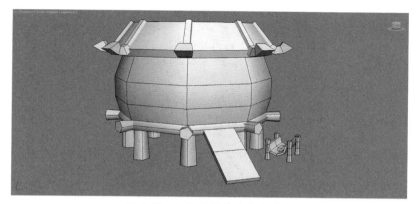

图 5-46　Q版建筑最终完成效果

接下来开始制作第二个 Q 版建筑模型，首先还是从屋顶结构开始制作，制作方法与前面的一样，都是利用八边形圆柱体模型进行多边形编辑，只不过这里需要制作双层房檐结构，如图 5-47 所示。然后将模型底面向下挤出，制作出墙体结构，墙体采用上窄下宽的 Q 版化设计（见图 5-48）。在墙体下方利用 Bevel 命令制作出一个底座结构，底座侧面从上到下逐渐收缩（见图 5-49）。

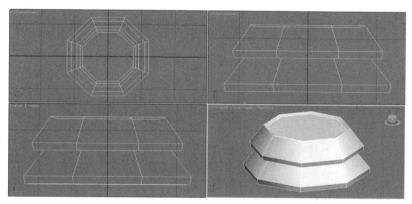

图 5-47　制作房顶结构

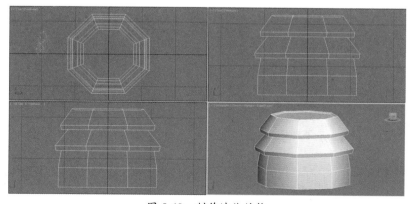

图 5-48　制作墙体结构

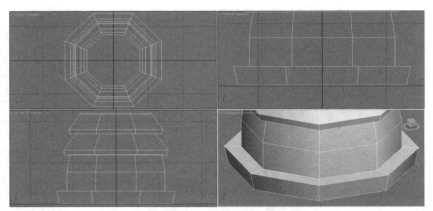

图 5-49　制作底座结构

　　接下来为房顶添加屋脊结构，这里可以直接复制之前制作的屋脊模型，同样通过调整轴心点和旋转复制的方式快速完成所有屋脊模型的制作（见图 5-50）。在顶层屋脊结构上方添加圆柱体模型，将其作为建筑装饰结构（见图 5-51）。在建筑底部制作楼梯结构和场景道具模型，这样整个建筑主体就基本制作完成了（见图 5-52）。

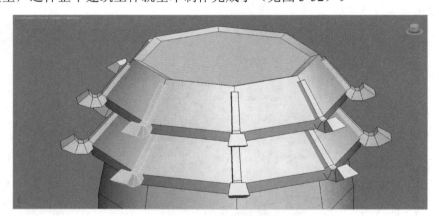

图 5-50　添加屋脊结构

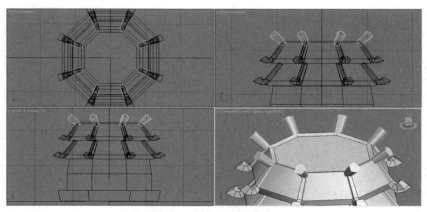

图 5-51　添加屋顶装饰结构

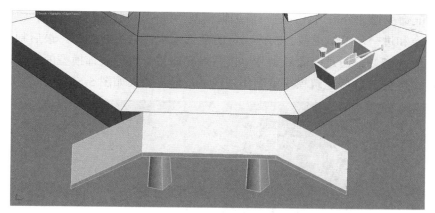

图 5-52　制作楼梯和场景道具模型

　　最后我们需要制作建筑顶部的鱼形装饰结构，首先在 3ds Max 视图中创建 BOX 模型，设置合适的分段数（见图 5-53）。由于鱼形装饰为中心对称结构，所以只需制作一侧的模型结构，另一侧通过镜像复制就能完成。将 BOX 塌陷为可编辑的多边形，调整模型的顶点，编辑出基本的外形轮廓（见图 5-54）。

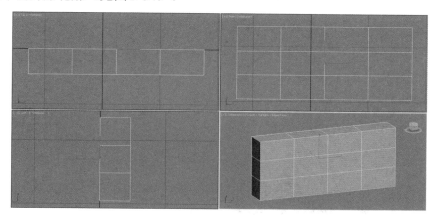

图 5-53　创建 BOX 模型

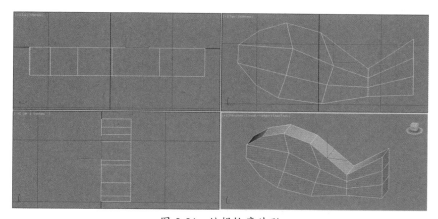

图 5-54　编辑轮廓外形

通过 Cut 命令增加分段边线，进一步编辑模型，将模型制作得更加圆滑（见图 5-55）。通过挤出命令和进一步编辑模型，制作出鱼的嘴部结构（见图 5-56）。最后制作出鱼的尾部结构（见图 5-57）。通过镜像复制并焊接顶点完成整个鱼形装饰模型的制作，将模型放置到屋顶，这样整个 Q 版建筑模型就制作完成了，最终效果如图 5-58 所示。

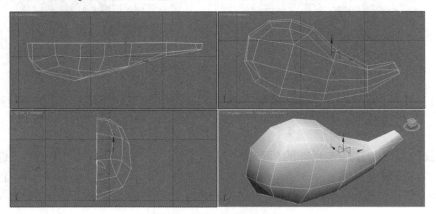

图 5-55　进一步编辑模型

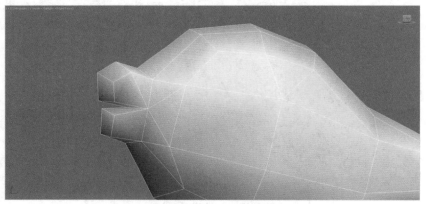

图 5-56　制作嘴部结构

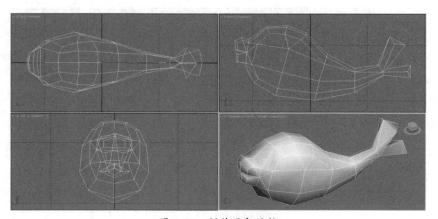

图 5-57　制作尾部结构

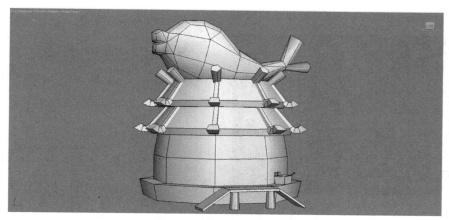

图 5-58　模型最终完成效果

　　模型制作完成后，下一步需要对模型进行 UV 分展和贴图绘制。Q 版模型的贴图一般是纯手绘制作，风格更偏卡通，多用亮丽的颜色进行平面填充，所以在 UV 方面不用过多地担心 UV 的拉伸问题。这里我们可以将模型 UV 进行简单分展，再进行贴图的绘制，将屋顶瓦片进行单独拆分，然后是屋脊和场景道具，最后墙体部分可以制作成二方连续贴图，每一座建筑的所有模型元素 UV 都可以拼接到一张贴图上。图 5-59 所示为绘制完成的模型贴图。

图 5-59　手绘风格的 Q 版模型贴图

　　贴图绘制完成后，将其添加到模型上，然后通过 UV 编辑器再对 UV 进行细节调整，保证贴图能够正确地匹配到模型上，如图 5-60 所示。图 5-61 所示为本节实例制作模型在 3ds Max 视图中最终完成的效果。

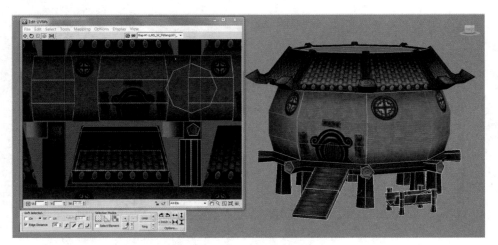

图 5-60　进一步调整模型 UV

图 5-61　模型最终完成的效果

高级游戏场景模型制作

第六章

6.1 游戏室内场景的特点 ▶ ▶ ▶

　　对于三维游戏项目中的场景的制作，除了场景元素模型和建筑模型外，还有另外一个大的分类项目，那就是游戏室内场景的制作。如果把场景道具模型看作三维游戏场景制作的入门内容，那么场景建筑模型就是中级内容，而室内场景的制作就是高级内容，对于刚进入游戏制作公司的新人来说，公司一般会按照这样的工作内容顺序为其安排任务。

　　在三维游戏中，对于一般的场景建筑仅仅是需要它的外观去营造场景氛围，通常不会制作出建筑模型的室内部分，但对于一些场景中的重要建筑和特殊建筑，有时需要为其制作内部结构，这就是我们所说的室内场景部分。除此以外，游戏室内场景另一大应用就是游戏地下城和游戏副本。所谓的游戏副本，是指游戏服务器为玩家所开设的独立游戏场景，只有副本创建者和被邀请的游戏玩家才允许出现在这个独立的游戏场景中，副本中的所有怪物、BOSS、道具等游戏内容不与副本以外的玩家共享。2004 年，美国暴雪娱乐公司出品的大型 MMO 网游《魔兽世界》正式确立了游戏副本的定义，同时《魔兽世界》也为日后的 MMO 网游树立了副本化游戏模式的标杆（见图 6-1）。游戏副本的出现解决了大型多人在线游戏中游戏资源分配紧张的问题，所有的玩家都可以通过创建游戏副本平等地享受到游戏中的内容，使游戏从根本上解除了对玩家人数的限制。

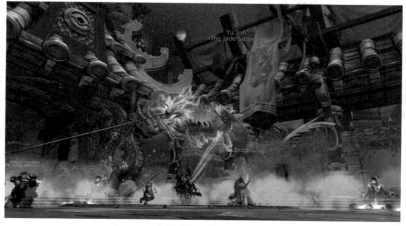

图 6-1　《魔兽世界》中的副本场景

对于地下城和游戏副本场景来说，由于其独立性的特点，在设计和制作的时候必定有别于一般的游戏场景，地下城或副本场景必须避免游戏地图中的室外共享场景，通常被设定为室内场景，偶尔也会被设定为全封闭的露天场景。所以地下城和游戏副本场景根本就没有外观建筑模型的概念，玩家的整个体验过程都是在封闭的室内场景中完成的，这种全室内场景模型的制作方法也与室外建筑模型有着很大的不同。那么究竟室外建筑和室内场景在制作上有什么区别？

首先来看制作的对象和内容，室外建筑模型主要是制作整体的建筑外观，它强调建筑模型的整体性，在模型结构上也偏向于以"大结构"为主的外观效果。而室内场景主要是制作和营造建筑的室内模型效果，它更加强调模型的结构性和真实性，不仅要求模型结构制作更加精细，而且对于模型的比例也有更高要求。

然后来看在实际游戏中两者与玩家的交互关系，室外建筑模型对于游戏中的玩家来说都显得十分高大，在游戏场景的实际运用中也多用于中景和远景，即便玩家站在建筑下面也只能看到建筑下层的部分，建筑的上层结构部分也成为等同于中景或远景的存在关系，正是由于这些原因，建筑模型在制作的时候无论是模型面数还是精细程度都要求以精简为主，以大效果取胜。而对于室内场景来说，在实际游戏环境中，玩家始终与场景模型保持十分近的距离，场景中所有的模型结构都在玩家的视野之内，这就要求场景中的模型比例必须与玩家角色相匹配，同时，在贴图的制作上要求结构绘制得更加精细、复杂与真实。综上，我们来总结一下室内游戏场景的特点。

（1）整体场景多为全封闭结构，将玩家与场景外界阻断隔绝（见图6-2）。

图6-2　全封闭的游戏场景

（2）更加注重模型结构的真实性和细节效果（见图6-3）。

图 6-3　游戏室内场景细节效果

（3）更加强调玩家角色与场景模型的比例关系（见图6-4）。

图 6-4　角色与室内场景模型的比例

（4）更加注重场景光影效果的展现（见图6-5）。

图 6-5　游戏场景中的光影效果

（5）对于模型面数的限制可以适当放宽（见图6-6）。

在游戏制作公司，场景原画设计师对于室外场景和室内场景的设定工作有着较大的区别。室外建筑模型的原画设定往往是一张建筑效果图，清晰和流畅的笔触展现出建筑的整体外观和结构效果。而室内场景的原画设定，除了主房间外通常不会有很具体的整体效果设定，原画设计师更多地会提供给三维游戏场景美术师室内

图6-6 模型复杂的室内场景

结构的平面图，还有室内装饰风格的美术概念设定图，除此之外并没有太多的原画参考，这就要求三维游戏场景美术师要根据自身对于建筑结构的理解进行发挥和创造，在保持基本美术风格的前提下，利用建筑学的知识对整体模型进行创作，同时参考相关的建筑图片进一步完善自己的模型作品。

对于三维游戏场景美术师来说，相关的建筑学知识是以后工作中必不可缺的专业技能，不仅如此，游戏美术设计师本身就是一个综合性很强的技术职业，要利用业余时间多学习与游戏美术相关的外延知识，只有这样才能为自己日后游戏美术设计师的成功之路打下坚实的基础。

6.2 室内场景单元结构的制作

图6-7所示是一张室内场景的参考照片，从图中可以清晰地看出整体建筑的框架结构，大致包括侧面的墙面、窗户和顶棚以及中间的支撑立柱等。我们可以把其中的一组结构视为一个结构单元，整个房间都是利用这样的结构单元进行复制的，所以我们在制作整个房间的时候，完全可以通过制作结构单元，然后利用复制原理去拼构整个房间，这样不仅提高了工作效率，而且还解决了另外一个关键问题——相同室内场景下多房间的制作问题。

图6-7 室内场景参考照片

我们先来举个例子，比如有一座大型宫殿或者一座大厦，通常在这种大型建筑的内部会包含许许多多室内房间，这些房间彼此通过走廊、过道、楼梯等建筑结构相连，它们之间在面积和功能上可能有所不同，但相互间的室内建筑风格肯定要保持一致。如果我们把所有房间的整体模型一一搭建出来，然后根据不同的房间去制作室内的细部结构，或许相同的结构可以在不同的房间中被复制使用，但由于每个房间的长和宽尺寸不同，在复制的同时必须根据房间的整体不断地进行调整，用这样的方法去制作，可以想象，如果有 100 个房间那将是多么浩大的一个工程。

所以这里我们利用单元复制的方法进行制作，首先把房间中相同的结构单元进行归纳制作，接下来就可以利用复制结构单元的数量确定房间的长、宽尺寸，这样仅仅利用复制的方法就可以随意搭建出任何尺寸的室内房间模型，无论是 10 个、100 个甚至 1000 个房间，我们都可以在很短的时间内完成制作。所以在实际游戏项目的大面积室内场景制作中，面对巨大的工作量我们通常会选择这种方法。下面就以图 6-7 中的场景照片作为参考，为大家讲解具体的制作流程和方法。

首先来制作窗体的模型，在 3ds Max 中建立 Plane 模型和一个 20 边的圆柱体模型，将两者按图中方式对齐。这里需要注意，在制作第一个结构单元的时候，主体模型的中心最好与相应的坐标系轴线重合对齐，以方便后面的结构制作和处理整体单元复制的距离关系（见图 6-8）。

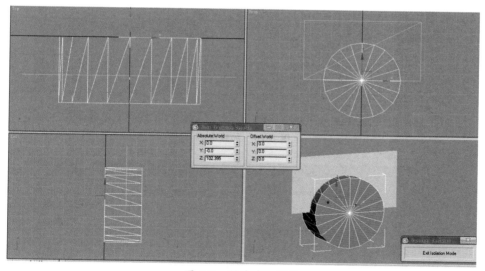

图 6-8　制作剪切模型

在创建面板的 Compound Objects（复合物体）菜单中利用 Boolean（布尔）运算的方式，将圆柱体从平面模型中剪切出来，这样就形成了窗户上方的拱洞模型平面（见图 6-9）。按住 Shift 键拉伸创建出上下的多边形面，同时将模型的中心布线连接起来（见图 6-10）。将贴图赋予模型，并且按照贴图中的结构对模型进行切割布线（见图 6-11）。

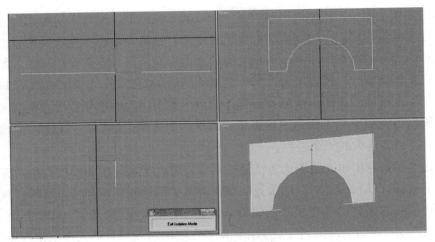

图 6-9　进行布尔运算

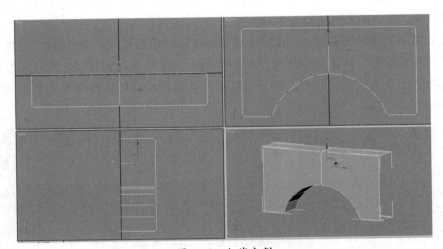

图 6-10　加线分割

图 6-11　贴图布线细分

进入多边形面层级，选择中心花纹的模型表面，利用 Extrude 命令向内挤出，将贴图中的平面结构制作为立体的模型结构（见图 6-12）。

接下来制作支撑拱形结构的立柱，在 3ds Max 中建立 BOX 模型，利用编辑多边形命令将其制作成如图 6-13 所示的形状，删除多余表面。

为立柱模型添加贴图（见图 6-14）。大家可能会发现之前都是在整体模型全部完成后再赋予贴图，而本节却是在每个模型结构制作完成后就立刻赋予贴图，这也是单元化模型制作的一个特点，因为之后会将模型进行大量的复制，所以必须在复制操作前完成模型整体的贴图工作，以提高工作效率。

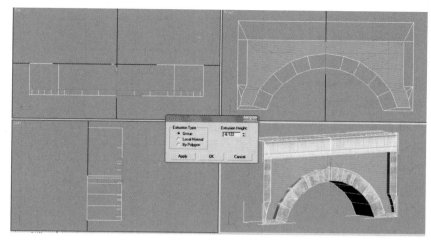

图 6-12　挤出结构

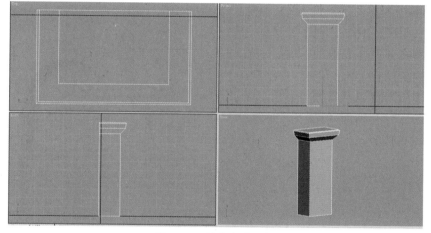

图 6-13　制作支撑结构

图 6-14　添加贴图

利用之前制作完成的拱形结构开始制作窗体的墙壁结构，在 3ds Max 中建立 Plane 模型，并将其制作成如图 6-15 所示的形状，拱洞下面就是窗户，再下面是窗台及墙壁。将上面制作完成的拱形结构、立柱、窗户和墙体拼接到一起（见图 6-16）。沿着之前制作完成的模型结构，再制作中层平台以及下方的立柱和墙面（见图 6-17）。

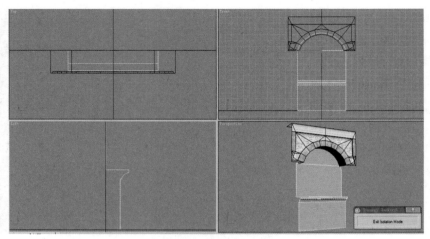

图 6-15　制作墙体结构

图 6-16　添加墙体及窗户贴图

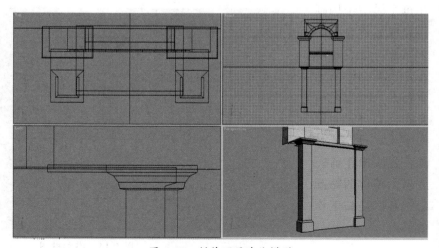

图 6-17　制作下层墙体模型

立柱的顶部采用一种比较平滑的倒角结构（左下视图），另外，要注意立柱顶部的平面要延伸到上层的立柱和墙体中，这样就形成了中层平台的一种连接结构，避免复制后平台地面之间出现穿帮（见图6-18）。将平台和下层墙体从中间切割画线，形成对称结构，然后将贴图赋予模型（见图6-19）。

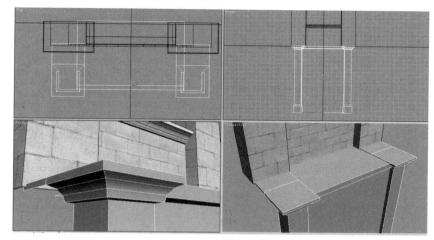

图 6-18　制作连接结构

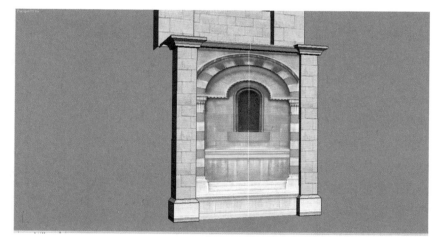

图 6-19　添加贴图

这一步的制作与前面拱形结构模型相似，沿着贴图中的结构对整个模型进行布线划分，这里的贴图结构过于复杂，但仍然要遵循从简原则，在保证基本模型结构的前提下尽量减少模型面数（见图6-20）。

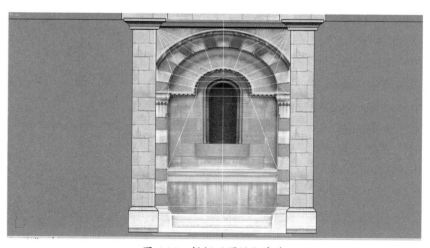

图 6-20　根据贴图添加布线

根据模型的布线结构利用 Extrude 命令向内进行多层次的挤出，将平面的贴图结构转化为立体的模型结构（见图6-21）。在制作完整体侧面的单元模型后，接下来搭建出顶棚、顶部支撑结构以及中间立柱和底座的基本模型外观，方便以后进一步的细节制作（见图6-22）。

接下来制作中间支撑立柱的底座结构，这里我们将其制作得稍微复杂一些，因为立柱底座在实际游戏环境中应该是距离玩家最近的模型，利用细节的处理让模型变得更加精细。在 3ds Max 中建立 BOX 模型，然后将其塌陷为可编辑多边形，进入面层级选中模型四周和顶部的表面，然后利用 Extrude 命令向外挤出（见图6-23）。

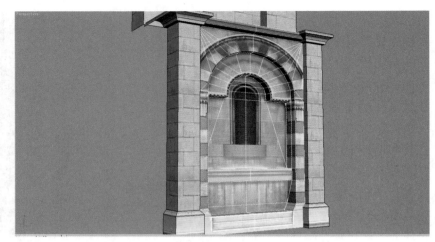

图 6-21　利用 Extrude 命令制作凹凸结构

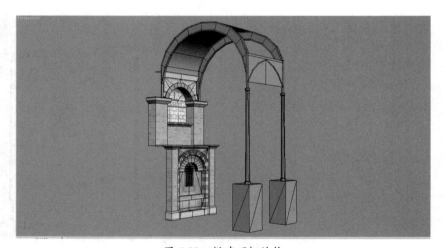

图 6-22　搭建顶棚结构

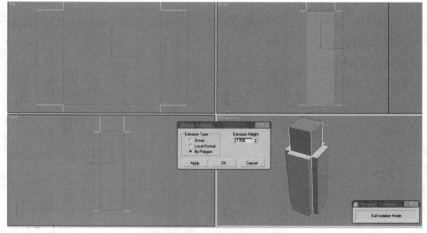

图 6-23　制作底座基础模型

利用顶点缩放命令调整模型，然后利用倒角等命令制作出底座下部的结构（见图6-24）。

进入多边形面层级，选择模型的其他三个面并删除，然后编辑剩余的模型表面结构（见图6-25）。因为底座模型的四面属于完全相同的模型结构，我们只需要对其中一面进行编辑处理，然后通过旋转复制的方式就可以完成其他三面的制作，这样节省了大量的制作时间。

通过布线、倒角、挤出等命令将模型制作成如图6-26所示的形状，然后选择除顶面以外的所有模型表面，利用 Detach 命令将其分离。

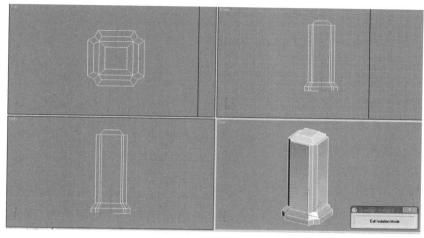

图 6-24　继续编辑模型

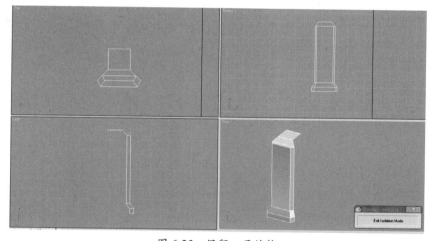

图 6-25　保留一面结构

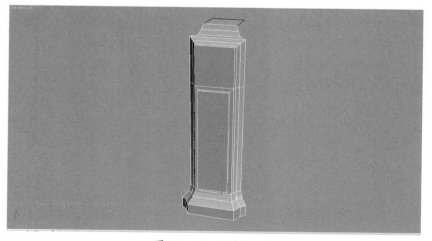

图 6-26　细化模型结构

选择上面分离出的模型结构，按住 Shift 键，利用多重旋转复制命令将模型旋转90°，复制出其他三面的模型结构（见图6-27）。

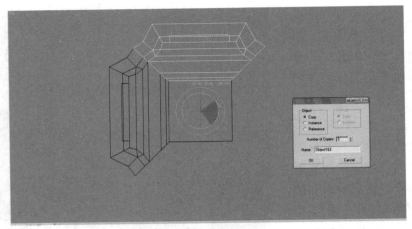

图6-27　旋转复制

将所有的模型拼到一起，焊接相应的顶点，划分设定好光滑组，这样就完成了中间立柱底座的模型结构，然后将贴图赋予模型（见图6-28）。其实在制作完一面的模型时就可以先完成贴图的工作，这样在旋转复制后就直接得到贴图完成的模型了。

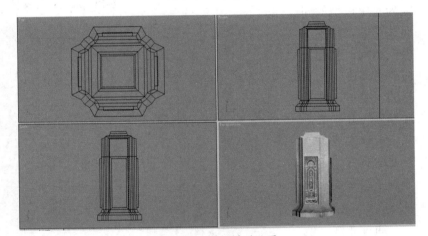

图6-28　添加模型贴图

将所有的单元结构拼接到一起，完成模型的贴图工作，中间立柱和顶部支撑结构赋予一张黑色的金属贴图，上面的铁艺结构则利用不透明贴图来完成，这样整个室内模型的单元组就制作完成了（见图6-29）。

图6-29　拼接单元结构

6.3　利用单元结构搭建室内场景　▶ ▶ ▶ ▶

　　之前在制作单元组的时候中心是对齐到坐标轴线上的，所以单元组中左侧立柱的中心到坐标轴线的距离就是这个单元组复制需要移动距离的一半，选中一侧的任意一个立柱结构，右击按钮栏上的移动按钮，看到 X 轴的坐标距离为 –55.803，那么整个单元组需要移动的距离就是：55.803×2=111.606（见图 6-30）。

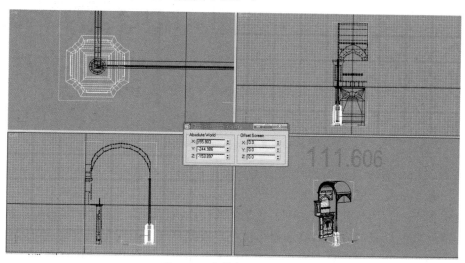

图 6-30　计算复制位移距离

　　选中所有的单元模型编辑成组，利用 Clone 命令原地复制，然后右击移动按钮，将 X 轴的移动距离设置为 111.606，这样第二个单元组的位置就确定了（见图 6-31）。按照同样的方法复制出 10 组单元组模型，组成室内场景的一侧墙壁（见图 6-32）。

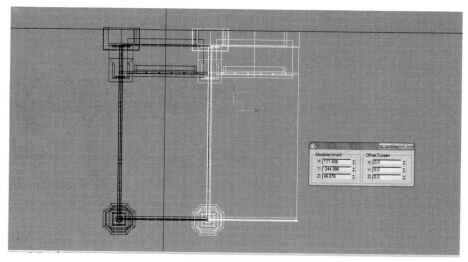

图 6-31　移动复制

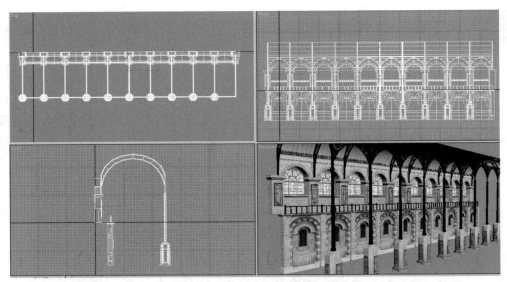

图 6-32　复制出一面墙体的效果

　　然后通过镜像命令复制出另一侧的室内墙壁结构，并删除单元组中的重复结构（见图 6-33）。最后在整个室内场景的两端分别复制出 4 组单元组模型，组成另外两侧的室内墙壁，这样整个室内场景就制作完成了。整体的制作流程不仅节省了大量时间，提高了工作效率，而且最终场景的完成效果还相当出色，根据复制的不同单元组数量可以随意搭建任意面积的室内房间，最后只需要在合适的位置制作出门的结构，就可以利用连接结构将所有的房间串联到一起，实现最终整体场景的制作。图 6-34 所示是场景最终完成的效果图。

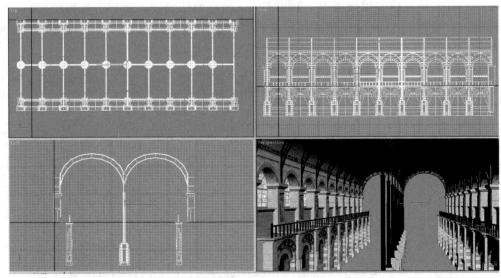

图 6-33　复制另一侧墙体模型

图 6-34 场景渲染效果图

6.4 游戏室内场景实例制作 ▶ ▶ ▶

三维游戏室内场景的制作通常分为三个步骤，首先要搭建室内的场景空间，然后制作室内场景中的各种建筑结构和细节，最后对场景内部添加各种场景道具模型和特效等。

图 6-35 为本节实际制作
场景的最终效果图，整
个场景是一个室内房间，
四周为墙壁和立柱，一
侧有透光的窗户，房顶
有复杂的装饰结构，房间
四周摆满书架，中间放
置一个较大的装饰模型。

图 6-35 实例制作场景效果图

这个场景在实际制作时可以按照前面所说的三个步骤进行，即首先制作墙壁、地面和屋顶等基本的空间结构，然后制作立柱、窗户等相对复杂的室内建筑结构，最后在房间内部制作书架等场景道具模型。下面开始实际的游戏室内场景的制作。

6.4.1 室内场景空间结构的搭建

首先，在 3ds Max 视图中创建长方形 BOX 模型，在堆栈命令列表中为其添加 Normal 修改器，让整个 BOX 的法线反转，这样就形成了室内的墙壁结构（见图 6-36）。将 BOX 塌陷为可编辑的多边形，进入多边形面层级，选中模型底面，通过 Inset 命令收缩模型面（见图 6-37）。然后利用 Extrude 命令将模型面向下挤出，制作出地面四周的平台结构（见图 6-38）。

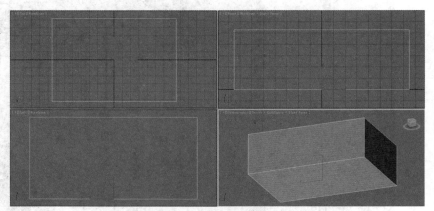

图 6-36　创建 BOX 模型并反转法线

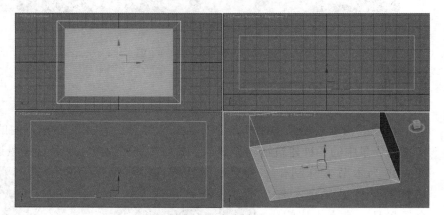

图 6-37　收缩模型面

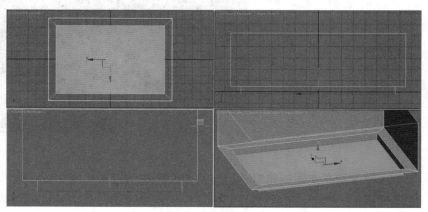

图 6-38　挤出模型面

接下来进入多边形边层级，选中墙壁四周纵向的模型边线，通过 Connect 命令添加两道分段边线，并调整边线的位置（见图 6-39）。然后通过 Extrude 命令挤出模型面，这里要选择 Local Normal 模式进行挤出，制作出墙壁上方的建筑结构（见图 6-40）。

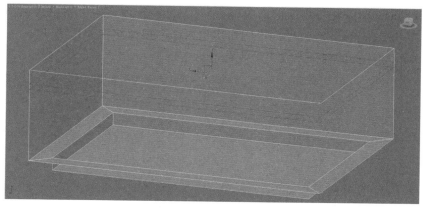

图 6-39　添加分段边线

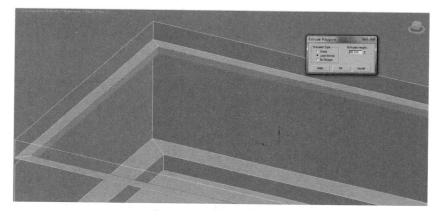

图 6-40　向内挤出建筑结构

选中较长一段墙壁所有横向的模型边线，通过 Connect 命令增加四条分段边线，增加分段边线是为了后期贴图方便调整（见图 6-41）。

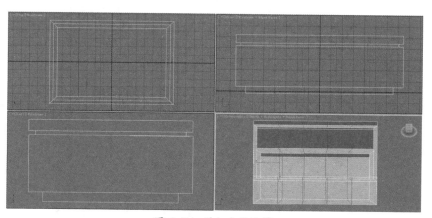

图 6-41　增加分段边线

进入多边形点层级，选中新加分段一条边线上的所有顶点，利用点层级下的 Make Planar 命令进行对齐，让顶点都沿直线排列（见图 6-42）。接下来开始制作屋顶的基本结构，为了便于操作，我们可以选中 BOX 顶部模型面，利用 Detach 命令将其分离。然后通过 Inset 命令将模型面向内收缩，利用 Extrude 命令向上挤出（见图 6-43）。通过 Inset 命令和 Extrude 命令继续向上制作房顶内部的模型结构（见图 6-44），这样整个室内房间基本空间结构就制作完成了，效果如图 6-45 所示。

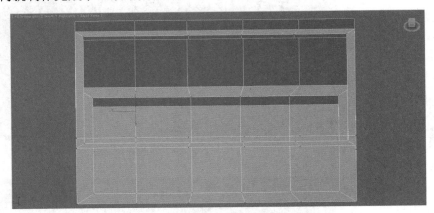

图 6-42 对齐顶点

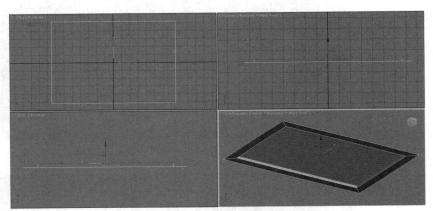

图 6-43 编辑屋顶结构

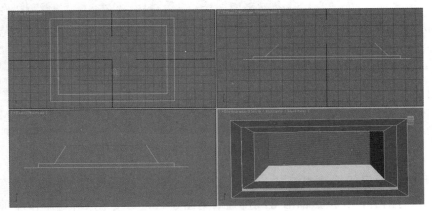

图 6-44 完成屋顶模型的制作

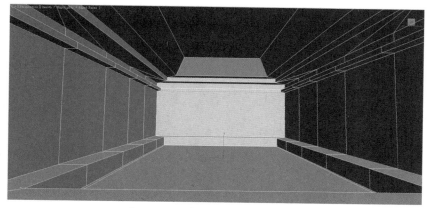

图 6-45　制作完成的室内空间结构

6.4.2　室内建筑结构的制作

室内场景房间基本空间结构制作完成后，就可以进一步制作室内的细节结构，主要包括立柱、门窗和地面装饰等。立柱分为两种：一种是房间四角的大型立柱；另一种是四周

墙壁上的立柱。在实际制作中，相同结构样式的模型可以复制使用，以提高工作效率，节省制作时间。

首先制作四角的大立柱，在 3ds Max 视图中创建八边形圆柱体模型，将其放置在房间一角（见图 6-46）。将圆柱体塌陷为可编辑的多边形，进入多边形面层级，选中圆柱底面，利用 Bevel 命令制作出立柱下方的柱墩结构（见图 6-47）。

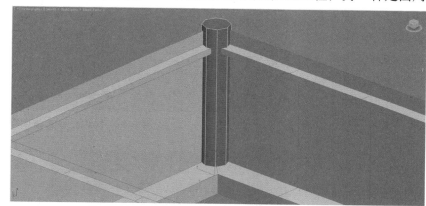

图 6-46　创建圆柱体模型

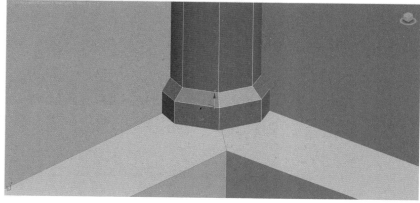

图 6-47　制作柱墩结构

立柱制作完成后，我们发现模型有一部分已经嵌入了墙体内部，在实际游戏中这部分模型面是完全不可见的，所以可以将其删除，节省场景的模型面数。接下来制作立柱上方的装饰结构，利用BOX模型制作最上方的装饰结构，如图6-48所示。然后同样利用BOX模型制作下面的装饰结构，如图6-49、图6-50所示。在立柱上方制作斗拱结构，并增加模型的细节和丰富度（见图6-51）。斗拱模型的制作方法在前面已经讲过，这里就不再赘述。

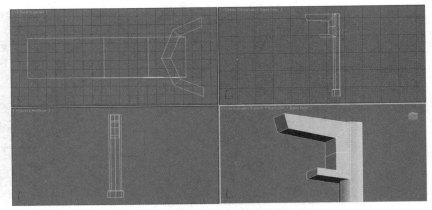

图 6-48　制作立柱上方的装饰结构

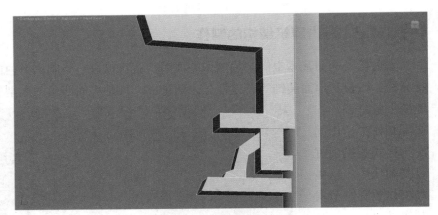

图 6-49　制作立柱装饰结构

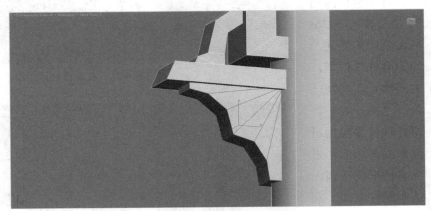

图 6-50　制作下方的装饰结构

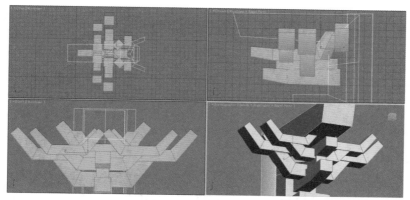

图 6-51　制作斗拱结构

　　将制作完成的所有的立柱结构全部拼到一起，然后将模型的轴心点与房间中心对齐，接下来就可以利用镜像命令快速地完成其他三个立柱模型，最后效果如图 6-52 所示。下面开始制作小型的立柱模型，柱体部分也是由圆柱体模型编辑而成，两侧的装饰结构可以直接复制大立柱上的（见图 6-53）。将制作完成的立柱进行复制，均匀地布置在四周墙壁上，效果如图 6-54、图 6-55 所示。

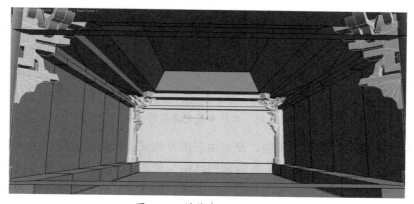

图 6-52　镜像复制立柱模型

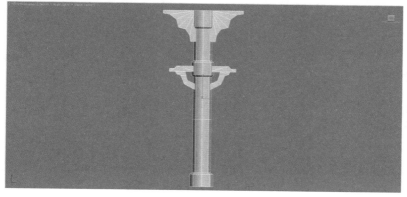

图 6-53　制作小型立柱模型

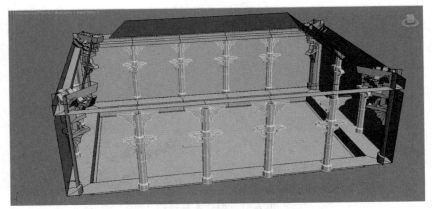

图 6-54　复制立柱模型

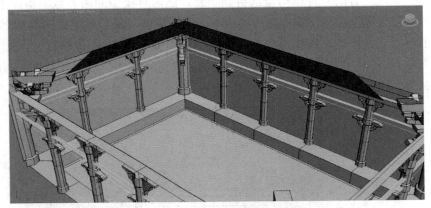

图 6-55　立柱布置完成后的效果

接下来制作房间一侧的窗户模型。窗户由三部分构成：两侧的立柱、中间的装饰结构和面片部分。首先制作一侧的立柱和上方的装饰结构（见图 6-56），然后通过镜像命令完成另一侧模型（见图 6-57），最后创建面片模型，并穿插放置在立柱之间，如图 6-58 所示。

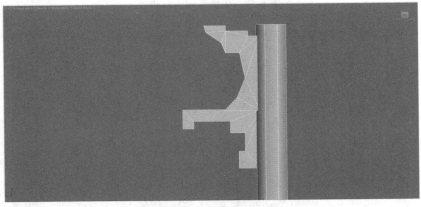

图 6-56　制作立柱和装饰模型

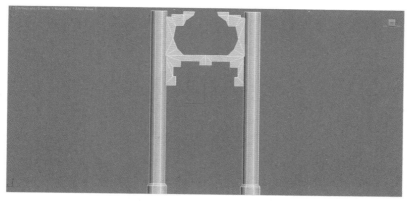

图 6-57 镜像复制模型

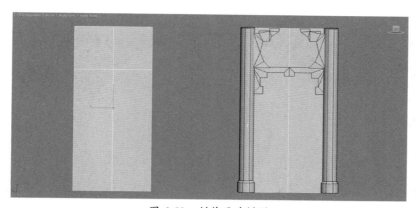

图 6-58 制作面片模型

将制作完成的窗户模型复制并放置在墙壁立柱之间（见图 6-59）。接下来制作地面中间的装饰模型，由于房间面积较大会显得地面部分过于单一，而后期地面通常会添加四方连续贴图，制作装饰结构也可以打破贴图的重复性，增加场景的丰富度。在 3ds Max 视图中创建 Tube 模型，将模型的高度设置得小一些，这样就形成了圆环状的石板模型结构，可以根据模型在场景中面积的大小适当增加圆面的分段数（见图 6-60）。然后在原环中间创建相同高度的圆柱体模型（见图 6-61），圆柱体与圆环共同构成了一个地面装饰图案，后期配合贴图形成很好的装饰效果（见图 6-62）。

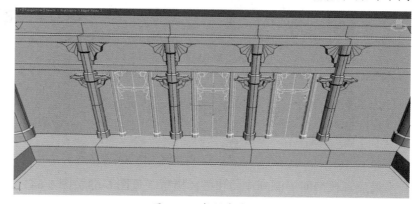

图 6-59 复制窗户模型

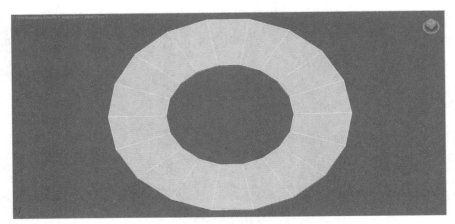

图 6-60　创建 Tube 模型

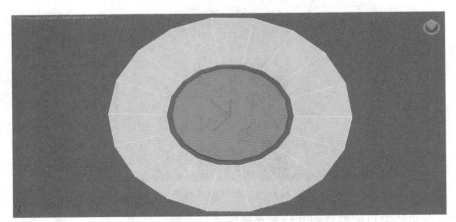

图 6-61　创建圆柱体模型

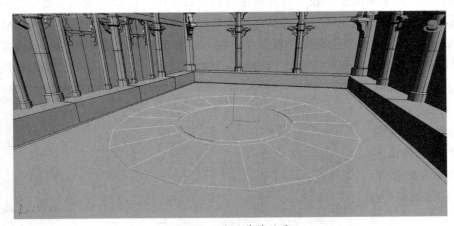

图 6-62　地面装饰效果

　　最后，在房间一侧制作门和楼梯模型（见图 6-63、图 6-64），这样整个室内场景结构就全部制作完成了，效果如图 6-65 所示。

图 6-63　制作房间门结构

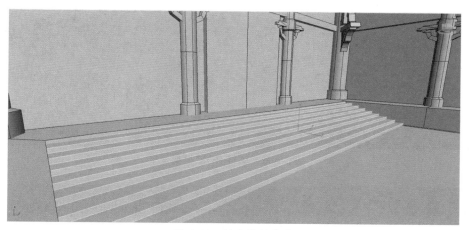

图 6-64　制作楼梯台阶

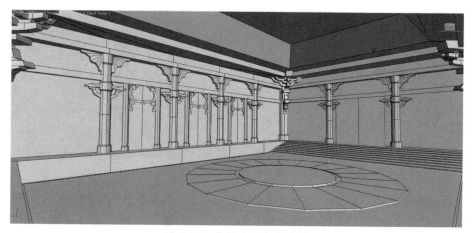

图 6-65　完成后的室内场景

6.4.3 场景道具模型的制作

室内场景模型基本制作完成后，下一步就需要制作大量的场景道具模型对场景进行填充和布置。这里需要制作的场景道具模型主要有两种：一是分布在四周的书架模型，二是房间地面正中的装饰模型。

首先制作书架模型，在 3ds Max 视图中通过 BOX 模型进行多边形编辑，制作出如图 6-66 所示的形态。将模型进行镜像对称复制，并焊接交界处的模型顶点，这样就完成了书架一层模型的制作（见图 6-67）。这样制作的好处是后期绘制贴图只需要制作一半即可。

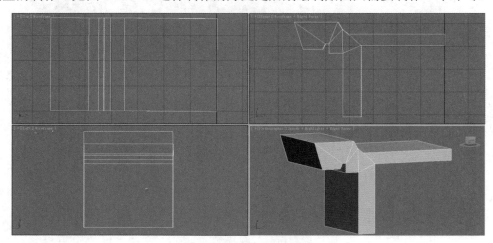

图 6-66　编辑 BOX 模型

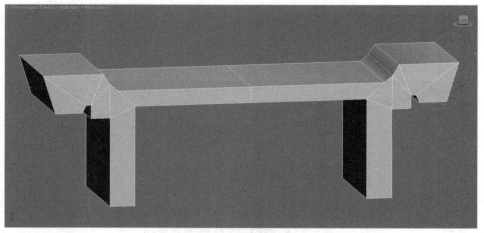

图 6-67　镜像模型

接下来我们将制作完成的一层书架连续向下复制，完成整个书架的框架（见图 6-68）。在书架背面利用 BOX 模型制作装饰结构，同样利用镜像命令来完成（见图 6-69），然后在书架下方制作支撑结构（见图 6-70）。

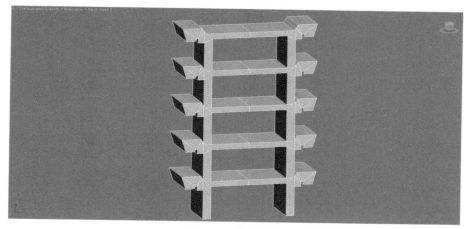

图 6-68　复制模型

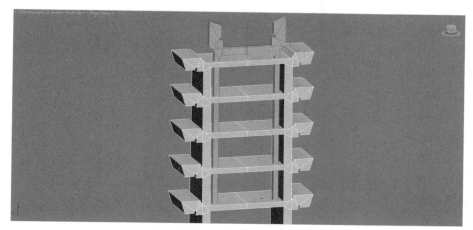

图 6-69　制作装饰结构

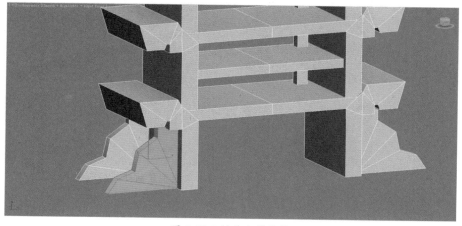

图 6-70　制作支撑结构

书架基本框架制作完成后，接下来制作书架上每一层摆放的书卷模型。书卷主要以堆放的形式出现，后期通过贴图来表现，可以制作几种不同形态的模型，然后通过复制摆放来实现多样性的变化（见图6-71）。图6-72所示为书架模型完成后的效果。因为书架要在场景中大量复制使用，为了避免重复，在复制后可以对不同书架上的书卷模型进行调整，让其各自具有不同的变化，这也是游戏场景模型制作中常用的技巧（见图6-73）。

图 6-71　制作书卷模型

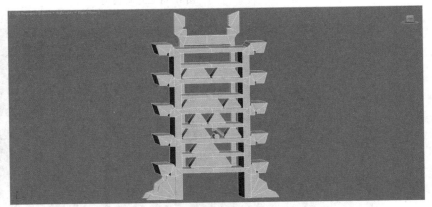

图 6-72　书架模型制作完成的效果

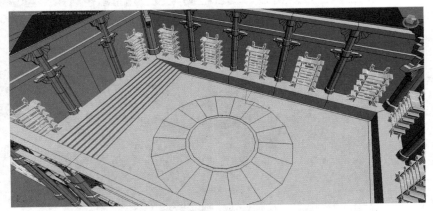

图 6-73　将书架模型复制摆放在场景中

最后在书架模型前面制作一些木梯模型，以增加场景的细节和丰富度（见图6-74）。

图 6-74　制作木梯模型

接下来开始制作房间中央的装饰模型。首先在 3ds Max 视图中创建一个 Tube 模型，如图 6-75 所示。然后利用 BOX 模型在圆环一侧制作一个支撑结构（见图 6-76），将支撑结构的轴心与 Tube 中心对齐，利用旋转复制完成其他三面模型的制作（见图 6-77）。将 Tube 模型复制一份，将其放大并放置在支撑结构上方（见图 6-78）。

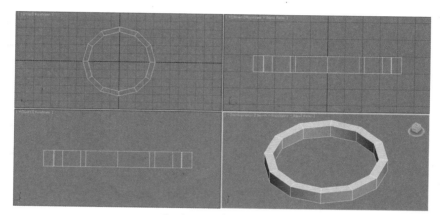

图 6-75　创建 Tube 模型

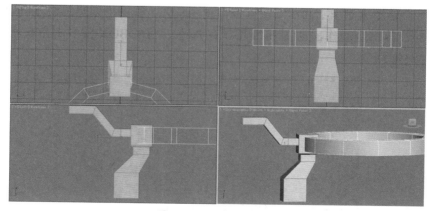

图 6-76　制作支撑结构

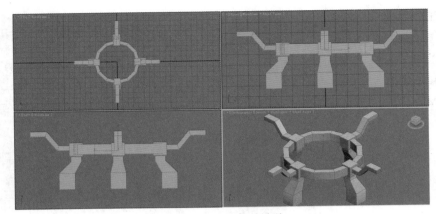

图 6-77　旋转复制模型

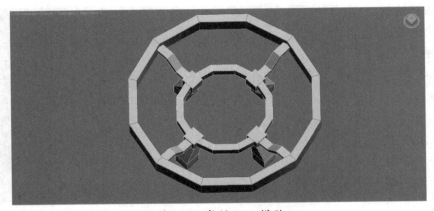

图 6-78　复制 Tube 模型

接下来制作下面的底座模型，在 3ds Max 视图中创建圆柱体模型，通过挤出、倒角和 Inset 等命令制作出如图 6-79 所示的形态。利用 BOX 模型制作底座四周的装饰结构（见图 6-80）。

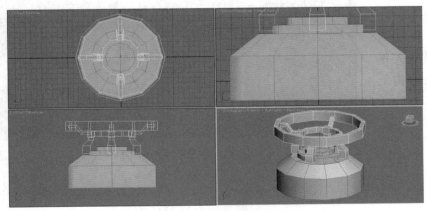

图 6-79　制作底座模型

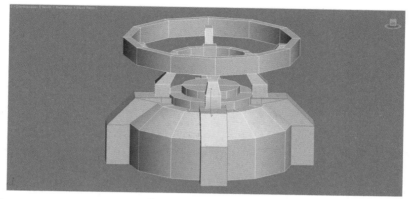

图 6-80　制作装饰结构

　　下面制作整个模型上方最复杂的装饰结构。首先在视图中创建圆环状的 Tube 模型（见图 6-81）。以 Z 轴向为轴心在 XY 平面上旋转复制圆环模型，随机复制几个圆环。接着将其中一个圆环向内缩小，在不同维度上随机旋转复制，形成复杂交错的模型结构（见图 6-82）。然后在模型正中心创建球体模型并与底座拼接，完成整个模型的制作（见图 6-83）。最后将模型放置到地面中心位置，如图 6-84 所示。

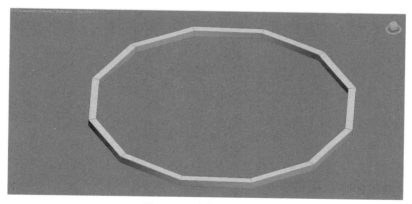

图 6-81　创建 Tube 模型

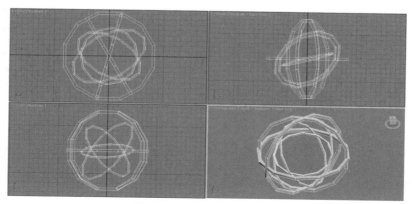

图 6-82　制作圆环装饰结构

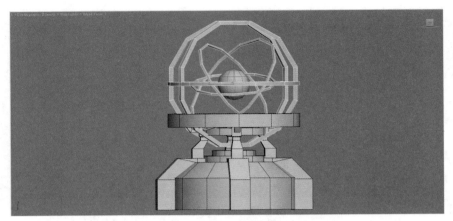

图 6-83　添加球形模型

图 6-84　将模型放置到房间内

最后在房间门口位置制作香炉模型（见图 6-85），这样整个室内场景模型就全部制作完成了，最终效果如图 6-86 所示。

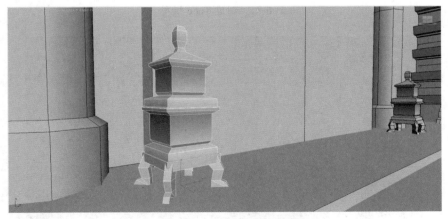

图 6-85　制作添加香炉模型

图 6-86　室内场景模型的最终效果

6.4.4　场景贴图的处理

　　室内场景模型制作完成后，下面就是 UV 分展以及贴图的工作。其实对于游戏室内场景来说，模型 UV 的分展与建筑模型并没有太大区别，只是在贴图的制作上还是存在一些差异。游戏场景建筑通常体积较大，在贴图的绘制上以大结构为主，特别是距离玩家较远的建筑区域，其贴图绘制并不需要太多细节。而游戏室内场景通常在封闭空间中，其建筑规模相对较小，室内的建筑结构大多距离玩家较近，所以其贴图通常要求具备更多的细节和精度，这样才能实现良好的视觉效果。

　　本节实例中的室内场景，其贴图主要分为两大部分。一部分是用于空间建筑结构的模型贴图，比如墙体、地面和屋顶等，这部分贴图以循环贴图为主，一般像墙壁和屋顶四周的装饰结构主要是使用二方连续贴图（见图 6-87、图 6-88）。

图 6-87　场景墙体的贴图方式

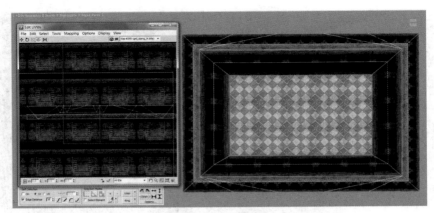

图 6-88　场景屋顶的 UV 分展及贴图

地面和天花板则使用四方连续贴图，要根据实际场景的规模来调整 UV 网格的比例，同时地面四周通常会通过布线和贴图来制作包边结构（见图 6-89）。循环贴图的 UV 分展方式与场景建筑模型基本相同，这里就不再做过多讲解。

图 6-89　地面包边结构

另一部分是室内场景中的其他建筑结构和场景装饰道具模型的贴图，这部分贴图主要是通过分展 UV，然后再进行对应的贴图绘制。由于室内场景中存在大量的建筑装饰结构，不同的结构之间存在独立性和多样性，这种情况一般无法通过循环贴图来实现，所以必须通过独立专属贴图来实现整体效果，比如地面中间的圆形图案装饰和立柱模型等（见图 6-90、图 6-91）。

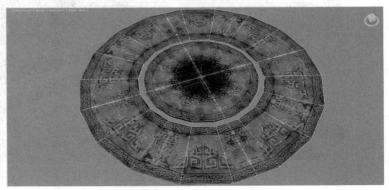

图 6-90　地面装饰图案贴图

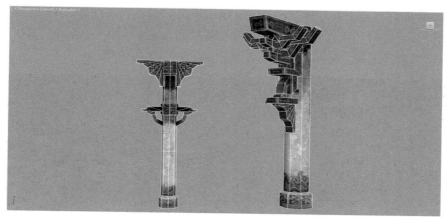

图 6-91　立柱模型贴图

另外，场景中包含大量的场景道具模型，例如书架和房间中心的装饰模型等，这些模型贴图都需要对其每一部分UV进行单独拆分，然后再进行贴图绘制（见图6-92、图6-93）。

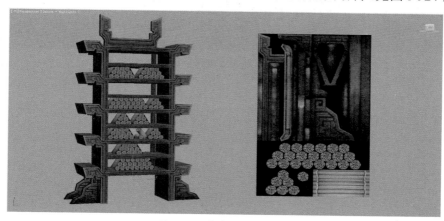

图 6-92　书架模型及贴图

图 6-93　场景装饰道具模型贴图效果

最后，我们可以利用面片模型和 Alpha 贴图模拟制作体积光效果，来烘托场景的整体氛围。利用 Plane 模型制作成波浪状，然后添加体积光 Alpha 贴图，并将其放置在窗口位置。图 6-94 所示为室内场景全部贴图完成后在 3ds Max 视图中的效果。

图 6-94 室内场景在视图中的最终效果

7.1　角色道具模型的概念　▶ ▶ ▶ ▶

　　游戏角色道具模型是指在游戏中与 3D 角色相匹配的附属物品模型，从广义上来说，游戏角色的服装、饰品、武器装备以及各种手持道具都可以算作角色道具。在游戏当中，玩家所操控的游戏角色可以更换各种装备、武器以及道具，这就要求在游戏角色的制作过程中，不仅要制作角色模型，还必须制作与之相匹配的各种角色道具模型。

　　在游戏角色模型的制作流程和规范中，角色的服装、饰品等装备模型通常是与角色一起制作，并不是在人体模型制作完成后再进行独立制作，所以并不算真正意义上的角色道具模型。游戏制作中所指的角色道具模型通常是指独立进行制作的角色所持的武器等装备模型。所有的武器装备道具模型都是由专门的 3D 模型师进行独立制作，然后通过设置武器模型的持握位置来匹配给各种不同的游戏角色。

　　游戏角色道具模型常见的类型有冷兵器、魔法武器以及枪械等，根据不同的游戏类型需要制作不同风格的道具模型，比如写实类、魔幻类、科幻类或者 Q 版等（见图 7-1）。本章将带领大家学习常见游戏角色道具模型的制作。

图 7-1　各种角色道具设定图

7.2　角色道具模型大剑的制作

剑是三维游戏中最常见的冷兵器之一，在传统意义上，剑主要用来挥和刺，所以一般以细长结构为主，但游戏中的武器道具往往经过了改造和设计，延伸出了各种不同的形态，如图 7-2 所示。

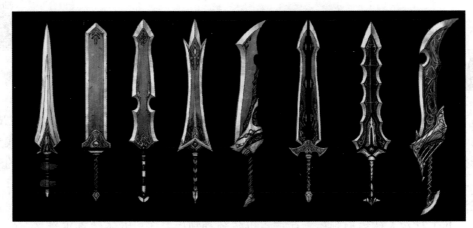

图 7-2　游戏中各种类型的剑

一般按照剑身与剑柄的比例将其分为匕首、单手剑、双手剑和巨剑等。无论是什么类型的剑，它都具备其共有的结构特征，剑从整体来看主要分为三大部分：剑刃、剑柄以及护手（见图 7-3）。另外，剑柄末端还会有起到装饰作用的柄头，护手具备一定的实用功能，但在游戏当中更多是起到了装饰作用，所以不同的剑都会将护手作为重要的设计对象，来增强自身辨识度和独立性。本节就来制作一把网络游戏中的单手剑模型，下面根据剑的结构，按照剑刃、护手以及剑柄的顺序来进行制作。

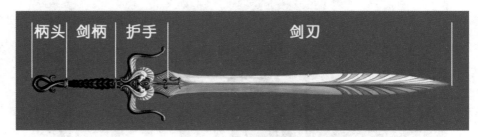

图 7-3　剑的基本结构

首先，在 3ds Max 视图中创建一个 BOX 模型，设置合适的分段数，由于剑身属于对称结构，所以这里将纵向分段设为 2（见图 7-4）。接下来将模型塌陷为可编辑的多边形，进入多边形面层级，沿着中间的分段边线删除一侧的所有模型面。然后在堆栈面板中添加 Symmetry 修改器命令，这样可以将模型进行对称编辑，节省制作时间（见图 7-5）。最后调整模型边缘和顶点，制作出剑刃的基本轮廓形态（见图 7-6）。

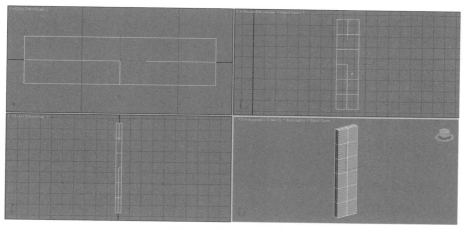

图 7-4 创建 BOX 模型

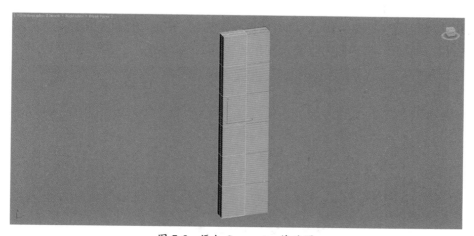

图 7-5 添加 Symmetry 修改器

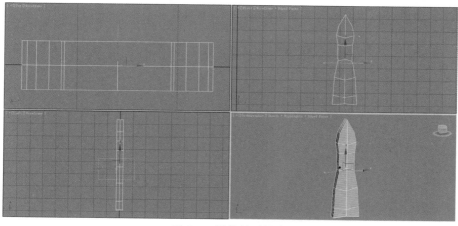

图 7-6 调整模型轮廓

进入多边形边层级，选中模型侧面纵向的边线，利用 Connect 命令添加横向分段边线，同时将新边线产生的顶点与中心的顶点连接起来，避免产生 4 边以上的多边形面（见图 7-7）。

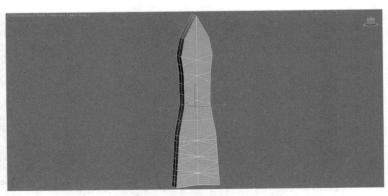

图 7-7　增加边线

接下来利用新增加的模型边线进一步编辑模型外部轮廓，制作出较为复杂的剑刃结构（见图 7-8）。然后在模型中部利用挤出命令制作出凸出的尖锐结构（见图 7-9）。接着进入多边形点层级，选中模型侧面除中心外纵向两侧的多边形顶点（见图 7-10）。再将顶点向内移动，形成边缘的剑刃结构（见图 7-11）。最后选中剑尖的顶点，将其向内收缩，制作出尖部的模型结构（见图 7-12）。

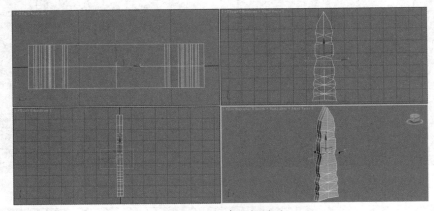

图 7-8　进一步编辑模型

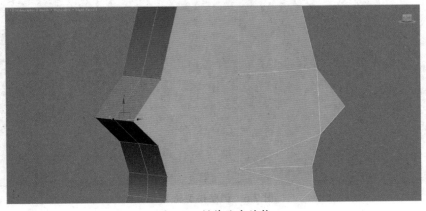

图 7-9　制作凸出结构

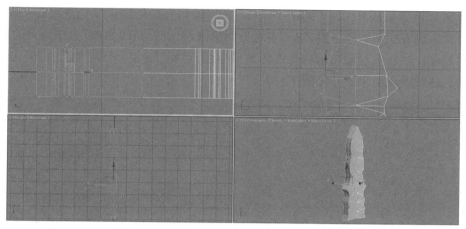

图 7-10 选中顶点

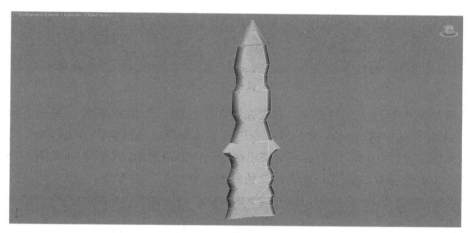

图 7-11 制作出剑刃结构

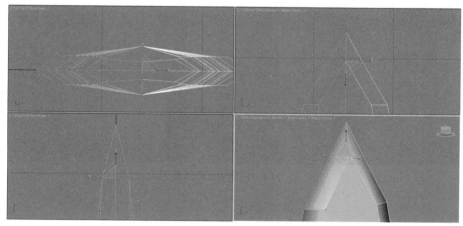

图 7-12 收缩尖部顶点

由于剑刃模型是从 BOX 模型编辑而来，所以编辑完成后的模型光滑组存在错误，接下来需要重新设置模型的光滑组。进入多边形面层级，打开光滑组面板，选中所有的模型面，将光滑组删除，然后选择除刃部以外的内部模型面，为其制定一个光滑组编号，这样剑刃棱角和锋利感就展现出来了（见图 7-13）。

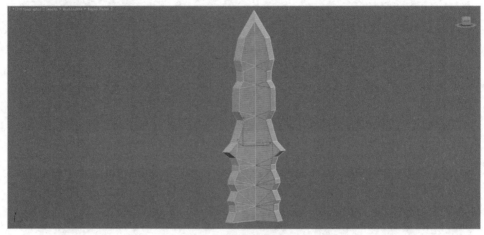

图 7-13　设置模型光滑组

下面开始制作剑刃下方的护手。首先在视图中创建一个 BOX 模型（见图 7-14），护手同样可以通过添加 Symmetry 修改器命令进行镜像编辑。通过编辑多边形命令制作出基本的模型轮廓（见图 7-15），然后利用挤出命令制作出四角的模型结构（见图 7-16）。通过加线进一步编辑模型，制作出如图 7-17 所示的形态。

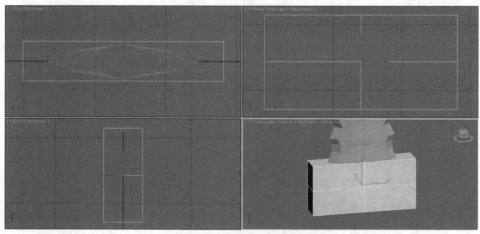

图 7-14　创建 BOX 模型

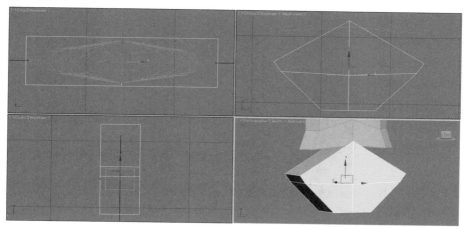

图 7-15 编辑模型轮廓

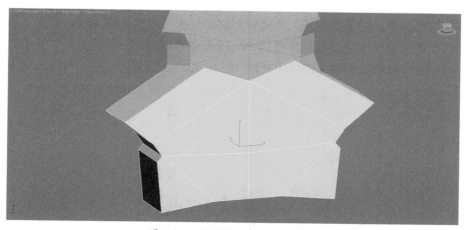

图 7-16 利用挤出命令编辑模型

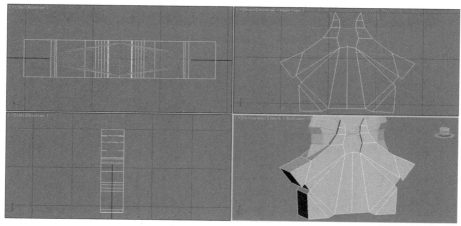

图 7-17 进一步编辑模型

接下来在视图中创建一个五边形的圆环模型，可以直接通过创建面板下的扩展几何体模型来创建，然后将模型放置在护手的左下角和右下角，作为装饰（见图7-18）。

剑刃和护手制作完成后就制作剑柄。首先创建 BOX 模型作

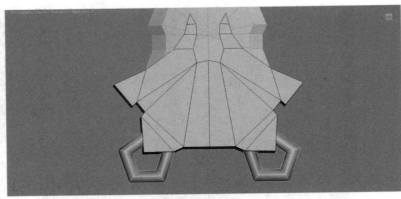

图 7-18　创建圆环模型

为基础几何体模型，并设置合适的分段数（见图7-19），然后通过添加 Symmetry 修改器命令来进行对称编辑。通过多边形工具编辑剑柄的轮廓大型（见图7-20）。为了节省模型面数，通常剑柄部分为四边形圆柱体结构，所以需要将模型侧面的顶点进行焊接，但留出一个顶点的位置，方便后面柄头模型的制作（见图7-21）。

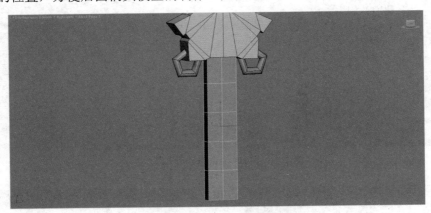

图 7-19　创建剑柄 BOX 模型

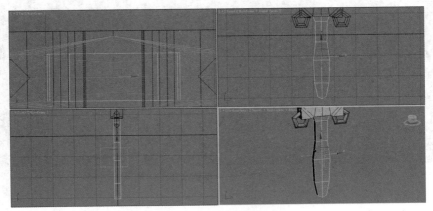

图 7-20　编辑模型轮廓

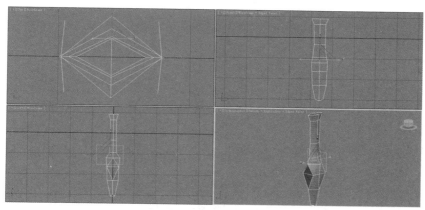

图 7-21　焊接模型顶点

　　接下来进入多边形面层级，选中刚才未焊接顶点的模型面，利用 Extrude 命令将其挤出（见图 7-22）。然后通过 Connect 命令加线，同时焊接新产生的顶点（见图 7-23）。通过进一步编辑完成柄头的制作，如图 7-24 所示。图 7-25 为最终制作完成的单手剑模型。

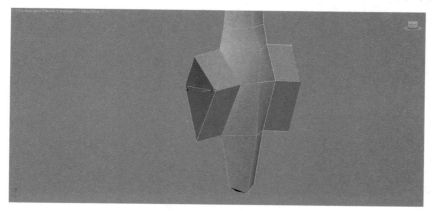

图 7-22　挤出模型面

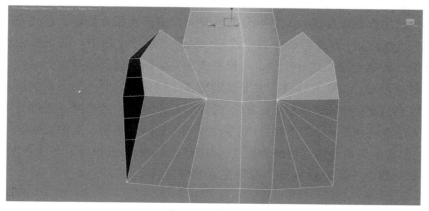

图 7-23　增加边线

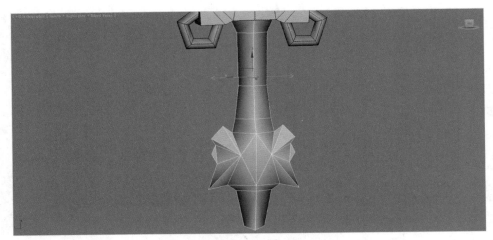

图 7-24　制作柄头

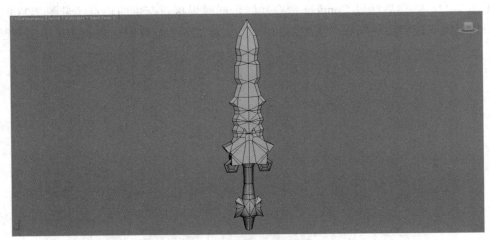

图 7-25　制作完成的模型

　　在模型的制作过程中，我们分别按照不同的结构部位进行的制作，所以最终完成的模型并不是一个整体模型，在进行 UV 拆分前需要对模型进行接合处理。首先需要将剑刃、护手和剑柄的 Symmetry 修改器命令删除，然后选择其中一个模型，利用多边形编辑面板下的 Attach 命令将其他模型进行接合，让模型成为完整的多边形模型。

　　接下来就可以进行 UV 的分展，由于模型整体比较扁平，所以对于这类道具模型在分展 UV 时可以直接利用 Plane 平面投射的方式进行 UV 拆分，之后除了各部分 UV 的位置外基本不需要过多的调整（见图 7-26）。将模型所有 UV 网格集中在 UV 编辑器的 UV 框内，然后通过 UV 网格渲染命令将其输出为图片，以方便之后在 Photoshop 软件中的贴图绘制（见图 7-27）。图 7-28 为 3ds Max 视图中最终完成的模型效果。

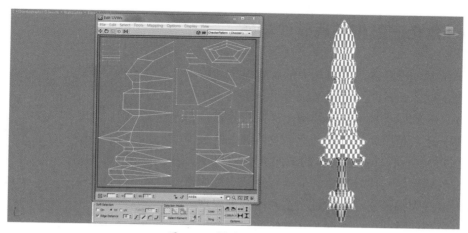

图 7-26 模型 UV 的分展

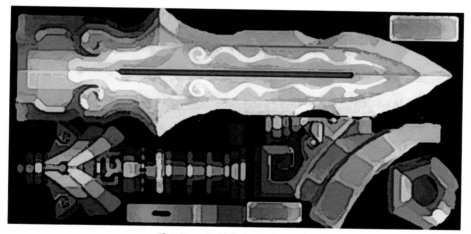

图 7-27 绘制完成的模型贴图

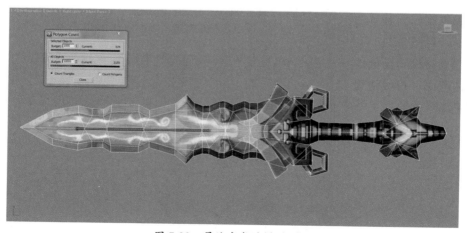

图 7-28 最终完成的模型效果

7.3 角色道具模型盾牌的制作 ▶ ▶ ▶

本节要制作冷兵器角色道具中的盾牌模型,盾牌也是常见的武器装备之一,通常跟单手剑搭配。从整体上来说,盾牌属于扁平化的结构,需要对其设计和制作的部分通常是盾牌的轮廓外形以及盾牌上的装饰图案。图 7-29 是本节实例制作的最终完成效果图,整个盾牌的轮廓结构比较简单,但具有复杂华丽的雕刻纹饰,这些大都需要后期通过贴图的绘制来表现。对于左右对称的盾牌,在实际制作的时候只需要制作出一半的模型即可,另一半通过 Symmetry 修改器命令镜像得到,下面开始实际制作。

图 7-29 实例制作最终完成的盾牌效果

首先在 3ds Max 视图中创建 BOX 模型,设置合适的分段数,然后将其塌陷为可编辑的多边形。因为只需要制作一般的模型,所以这里沿中间边线删掉一侧的模型面(见图 7-30)。然后调整模型外部轮廓,制作出基本的盾牌外形(见图 7-31)。接下来需要将模型前面的顶点向内收缩,形成边缘结构(见图 7-32)。

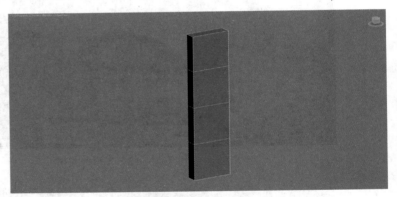

图 7-30 创建 BOX 模型

图 7-31 调整轮廓

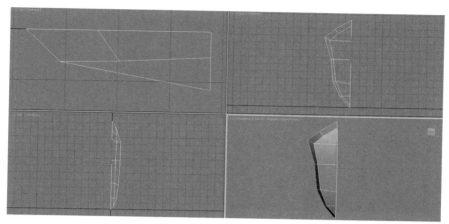

图 7-32 收缩顶点

　　接下来在盾牌前方多边形面内部加一圈边线，如图 7-33 所示。然后在盾牌模型上部做加线处理（见图 7-34），将新加的边线进行调整，制作出外轮廓的效果（见图 7-35）。

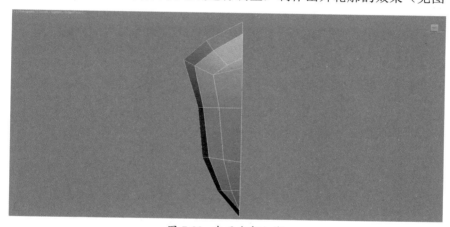

图 7-33 在面内部加线

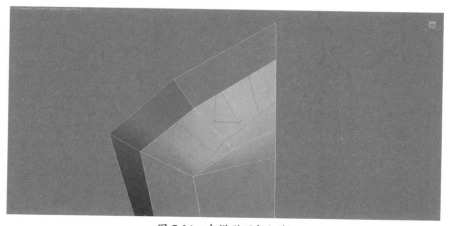

图 7-34 在模型顶部加线

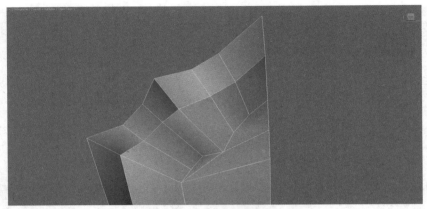

图 7-35　调整边线制作轮廓细节

　　还要注意模型背面的布线处理，让模型背面内部有一个内凹的结构，正面基本是向前凸出的结构走势（见图 7-36）。最终对制作的模型添加 Symmetry 修改器命令，完成整个盾牌模型的制作（见图 7-37）。

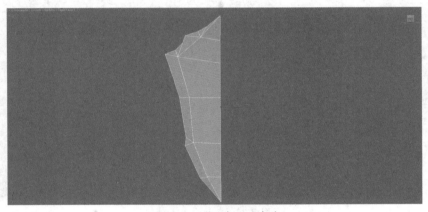

图 7-36　模型背面的布线

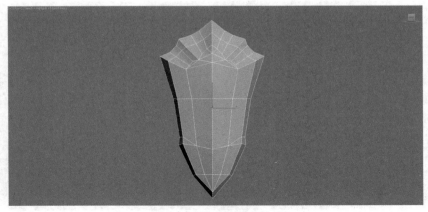

图 7-37　最终完成的模型

盾牌模型的制作相对简单，后期的细节效果主要通过贴图来表现，尤其是一些复杂的纹饰和雕刻图案。下面就针对盾牌模型贴图的制作进行讲解。

在绘制贴图前，先要对模型 UV 进行拆分。其实方法非常简单，因为盾牌为扁平化的模型，所以无须过多的 UV 调整，只需要添加平面的贴图坐标映射方式即可，需要将盾牌 UV 拆分为正面和背面两部分。由于背面通常不会被玩家观察到，为了更好地突出正面贴图的效果，可以将盾牌背面 UV 缩小，而盾牌正面 UV 需要尽可能地放大，以保证贴图的效果，如图 7-38 所示。

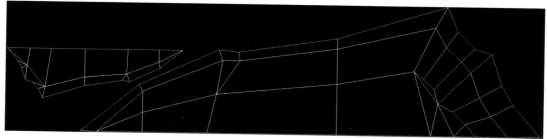

图 7-38　盾牌模型 UV 网格

然后来讲解贴图绘制的流程和方法（见图 7-39）。

（1）将 UV 网格渲染为图片并导入 Photoshop 软件，新建图层，沿着线框范围填充基本底色。

（2）新建图层，在底色之上开始绘制盾牌上的纹饰图案，首先利用单色进行平面绘制。

（3）然后开始绘制纹饰的细节效果，绘制出明暗对比，将纹饰画出立体感。

（4）绘制盾牌的边缘，利用明暗转折表现盾牌的金属质感。

（5）绘制盾牌背面的贴图效果，主要表现内凹的效果。

（6）将纹饰图层隐藏，绘制盾牌正面隆起的效果，同时还要表现出金属质感。

（7）继续完善盾牌贴图的细节，通过整体的明暗对比调整，刻画金属质感。

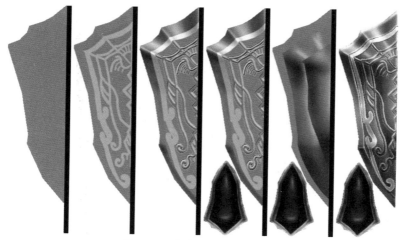

图 7-39　盾牌贴图的绘制过程

低精度游戏角色模型通常用于制作 3D 游戏 NPC 角色，游戏中的 NPC 角色是指在游戏中与玩家角色发生对话、任务交接以及买卖等互动行为的功能性非玩家控制角色。在游戏世界中，相对于玩家控制的游戏主角，NPC 角色更像是以配角的身份而存在。在实际制作中，NPC 角色模型的设计也会比游戏主角模型设计更为简单，所用的模型面数更低，同时模型 UV 的分展也会尽量集中，以减少模型采用的贴图数量，有时甚至只用一张贴图。

本章就来学习游戏 NPC 角色模型的制作，图 8-1 为本章实例模型的原画设计图。从图中可以看出，这是一位年轻女性角色，穿着带有民族风格的服饰，在制作的时候我们仍然按照头、躯干和四肢的顺序来进行，制作的难点在于头发的模型和贴图处理，同时腰部衣服的层次和褶皱表现也需额外注意。下面开始实际模型的制作。

图 8-1　角色模型原画设计图

8.1　头部模型的制作　▶ ▶ ▶ ▶

首先制作角色头部模型，仍然以 BOX 模型作为基础几何体模型，将视图中的 BOX 模型塌陷为可编辑的多边形并删除一半，接着添加 Symmetry 修改器命令进行镜像（见图 8-2）。然后对模型进行编辑，调整出头部的大致轮廓，在脸部中间挤出鼻子（见图 8-3）。通过 Cut、Connect 等命令对模型进行加线处理，进一步编辑头和脸部的模型结构（见图 8-4）。

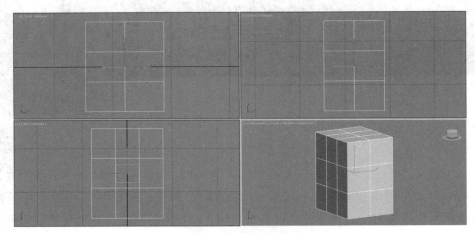

图 8-2　创建 BOX 模型

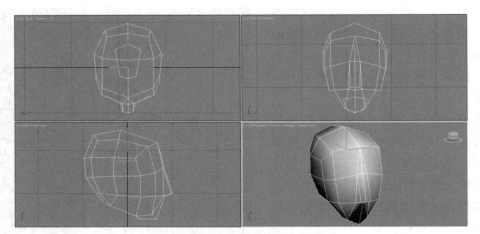

图 8-3　编辑头部基本结构

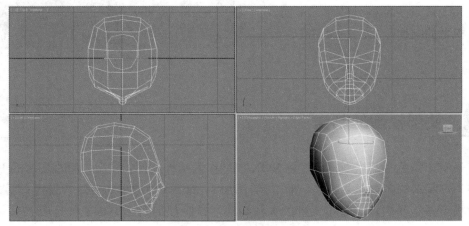

图 8-4　加线细化模型结构

接下来进一步增加面部的布线结构，细化制作出鼻头以及嘴部的轮廓（见图 8-5）。然后利用切割布线刻画出眼部的线框轮廓，由于是 NPC 游戏角色，所以眼部跟嘴部模型不需要刻画得特别细致，后期主要通过贴图来表现，这里的布线也是为了方便贴图的绘制（见图 8-6）。

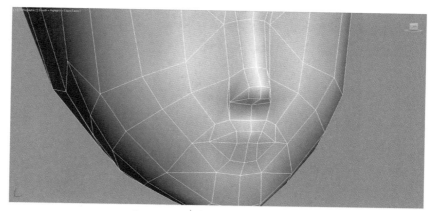

图 8-5　制作鼻子跟嘴部模型结构

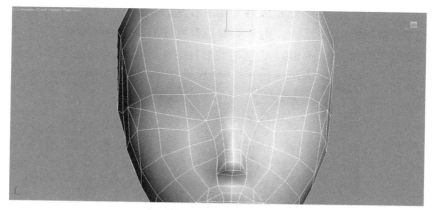

图 8-6　制作眼部的布线轮廓

除了脸部模型外，头部其他部位的模型结构和布线可以尽量精简，因为头部还要制作头发进行覆盖。接下来对头部侧面的模型进行布线处理，制作出耳朵的线框结构（见图 8-7）。然后利用面层级下的挤出命令制作出耳朵的模型结构，耳朵模型也只需简单处理即可，后期都通过贴图来表现（见图 8-8）。

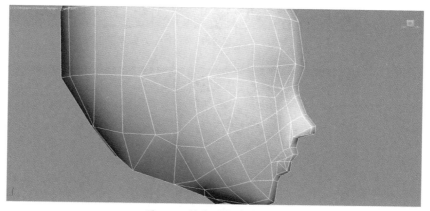

图 8-7　制作耳部线框轮廓

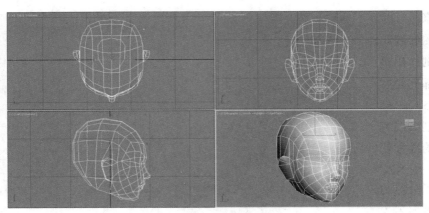

图 8-8　挤出耳朵模型结构

　　角色头部模型制作完成后开始制作头发的模型结构。首先利用 BOX 模型贴着头皮部位制作基本的头发结构。由于头发是有厚度的，不能紧贴头皮进行制作，要注意头发与头皮的位置关系（见图 8-9）。同时也要注意头部侧面与头发边缘的衔接关系（见图 8-10）。

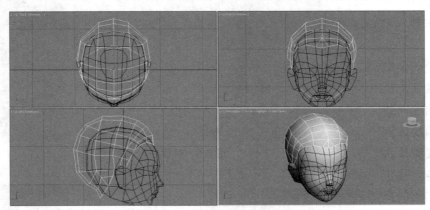

图 8-9　制作头发基本模型结构

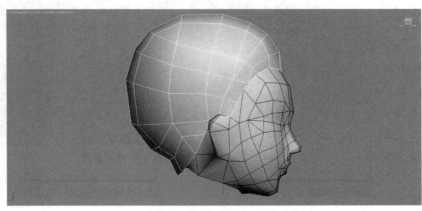

图 8-10　侧面的衔接关系处理

接下来在视图中创建细长的 Plane 模型，通过编辑多边形制作出耳朵后方散落下来的细长发丝，这里只需要制作一侧即可，另一侧可以通过镜像复制来完成（见图 8-11）。这里要注意面片模型与耳朵后方头发的衔接处理，如图 8-12 所示。

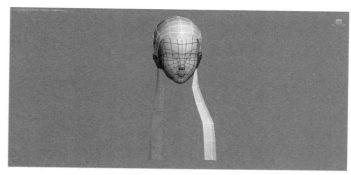

图 8-11　制作细长发丝模型

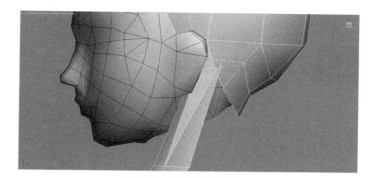

图 8-12　发丝的衔接处理

然后同样利用 Plane 模型制作额前的头发模型，这里制作两个不同的面片模型从而制作出两侧分开的发丝结构，如图 8-13 所示。接下来在前方两个面片模型分开的衔接处再利用 Plane 模型制作发丝结构（见图 8-14），这些面片结构一方面是为了增加头发的复杂性和真实感，另一方面对于头发衔接处的模型结构也起到了遮挡和过渡的作用，所有的面片模型最后都要添加 Alpha 贴图，以表现头发的自然形态。最后在头发后方正中间的位置利用 BOX 模型制作发髻，整个发髻接近一个蝴蝶形，这里可以制作成不对称的结构，以增加自然感（见图 8-15）。

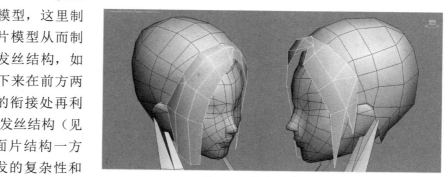

图 8-13　制作额前发丝模型

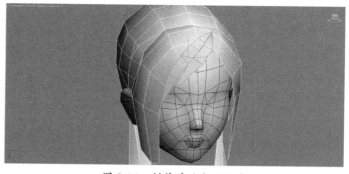

图 8-14　制作前面发丝面片

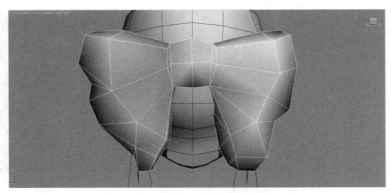

图 8-15　制作发髻模型

8.2　躯干模型的制作　▶ ▶ ▶ ▶

头部模型制作完成后，接下来开始制作躯干模型。从原画设计图中可以看出，本章制作的 NPC 角色模型上身穿着一件短小的外衣，所以首先制作这件外衣模型。制作方法仍然是利用 BOX 模型制作出外衣的基本外形结构，这里要留出袖口的位置（见图 8-16）。然后沿着袖口的位置利用挤出命令制作出肩膀的结构（见图 8-17），从肩膀向下延伸继续制作出短袖的结构，如图 8-18 所示。接下来通过切割布线进一步增加模型的细节，让模型更加圆滑（见图 8-19）。

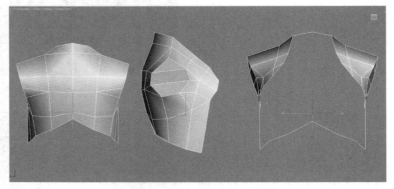

图 8-16　利用 BOX 模型制作外衣

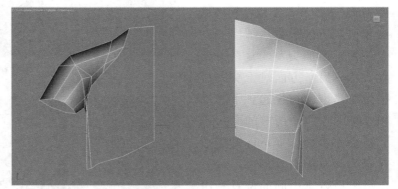

图 8-17　制作肩膀结构

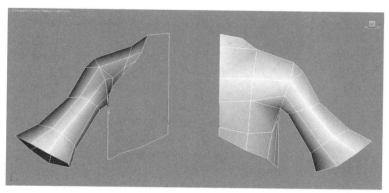

图 8-18 制作短袖结构

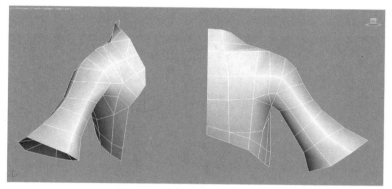

图 8-19 增加布线强化模型细节

上衣模型制作完成后，接下来开始制作被衣服包裹的身体模型。首先，沿着头部模型向下制作出颈部的模型结构（见图8-20）。然后继续向下制作出胸部的结构，由于颈部后面下方的背部区域是被衣服完全覆盖的，所以为了节省模型面数可以不制作这部分身体模型。同理，肩膀和上臂等也无须制作（见图8-21）。接下来继续向下制作出腰部和胯部的模型结构（见图8-22、图8-23）。

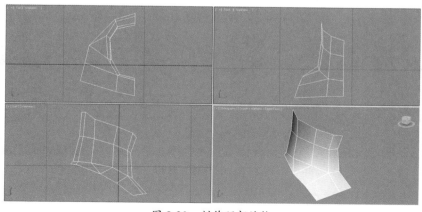

图 8-20 制作颈部结构

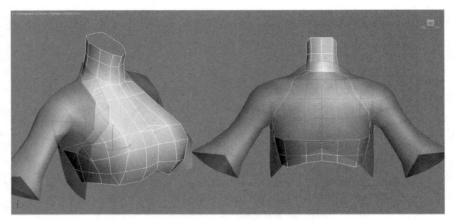

图 8-21　制作胸部结构

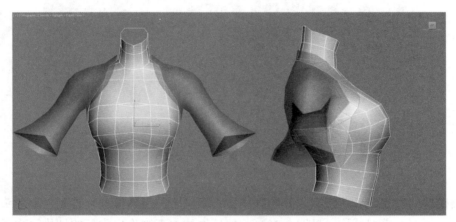

图 8-22　制作腰部结构

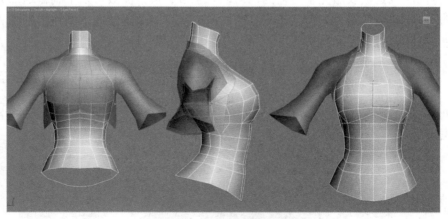

图 8-23　制作胯部结构

8.3　四肢模型的制作　▶▶▶▶

接下来开始制作四肢以及腰部衣服装饰等的模型结构。首先，沿着上身衣袖的模型位置，向下利用圆柱体模型制作手臂的模型结构，这里考虑后期骨骼绑定和角色运动，要注意肘关节处的模型布线处理（见图8-24）。接着向下制作出手部的模型结构，由于是NPC模型，所以手部不需要制作得特别细致，只需要将拇指和食指单独分开制作，其余手指可以靠后期贴图来绘制（见图8-25）。然后在腕部和小臂处利用圆柱体模型制作护腕，如图8-26所示，要注意护腕上方镂空结构的制作。图8-27为全部制作完成的角色上身模型结构效果图。

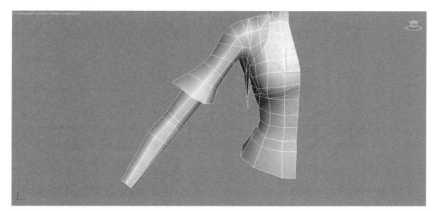

图 8-24　制作手臂模型

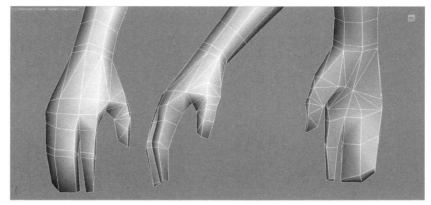

图 8-25　制作手部模型

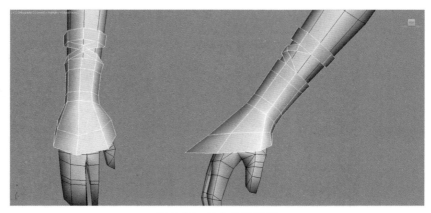

图 8-26　制作护腕模型

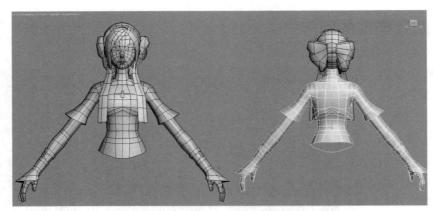

图 8-27　角色上身模型效果图

　　下面开始制作下肢的模型结构。首先利用 BOX 模型制作短裤的模型结构（见图 8-28）。然后沿着短裤向下制作出腿部的模型结构，腿部布线可以尽量简单，但要表现出女性腿部整体的曲线效果，同时考虑到后期角色的运动，膝关节处的布线一定要特别注意（见图 8-29）。

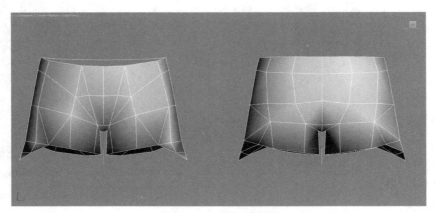

图 8-28　制作短裤模型

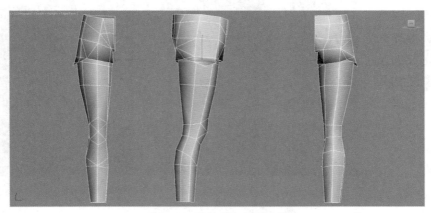

图 8-29　制作腿部模型结构

接下来制作靴子模型，先利用六边形圆柱体模型辑制作出与小腿衔接的靴筒模型（见图8-30）。然后向下制作出脚部鞋子的模型结构，如图8-31所示。注意结构及布线的处理，尤其是高跟鞋底部的弧度。把制作完成的下半身模型与上半身模型进行拼接，如图8-32所示，从图中可以看出上半身和下半身在腰部并没有完全接合，这是因为后面还要在腰部添加衣饰模型。

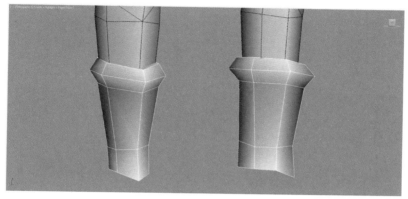

图 8-30　制作靴筒模型

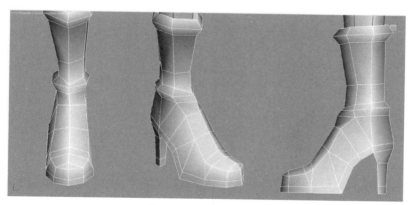

图 8-31　制作靴子模型

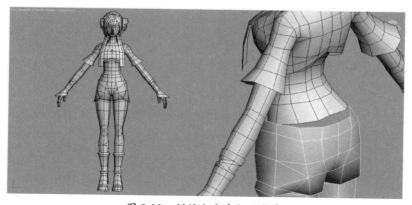

图 8-32　拼接上半身与下半身

接下来开始制作腰部的衣饰模型。首先围绕腰部创建 Tube 几何体模型，制作腰部衣服内部的褶皱，这里将其制作成不对称结构（见图 8-33）。然后向下延伸继续制作出裙子的模型，如图 8-34 所示。这里仍然制作成不对称结构，同时要适当增加裙子的模型面数，这主要是考虑到后面角色的运动，较多的面数可以避免角色在运动的时候产生过度的拉伸和变形。最后在腰部一侧制作出飘带模型（见图 8-35）。图 8-36 为角色模型最终制作完成的效果。

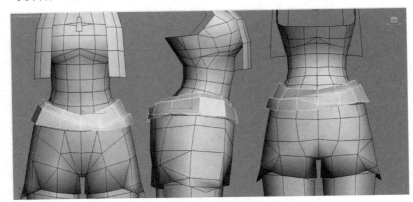

图 8-33　制作腰部衣褶结构

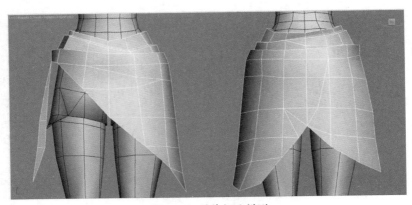

图 8-34　制作裙子模型

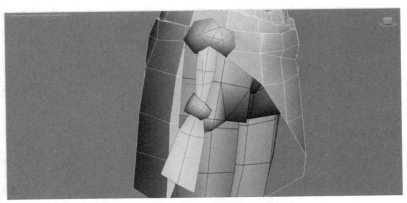

图 8-35　制作飘带模型

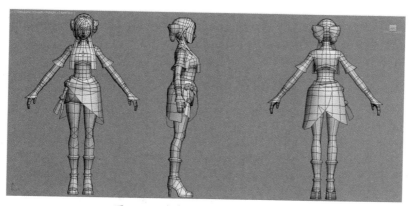

图 8-36　角色模型最终完成的效果

8.4　模型 UV 拆分及贴图绘制 ▶▶▶▶

　　模型制作完成后需要对其进行 UV 拆分和贴图的绘制。首先，将头部的 UV 进行拆分，先将面部模型进行隔离显示。然后在堆栈面板中为其添加 Unwrap UVW 修改器命令，进入边层级，激活面板底部的 Edit Seams 按钮，通过鼠标点选操作，设置面部模型的缝合线（见图 8-37）。接着进入修改器命令面层级，选择缝合线范围内的模型面，通过面板中的 Planar 命令为其制定 UV 投射的 Gizmo 线框并调整线框位置（见图 8-38）。最后进入 UV 编辑器调整面部 UV，尽量将其放大方便贴图绘制（见图 8-39）。

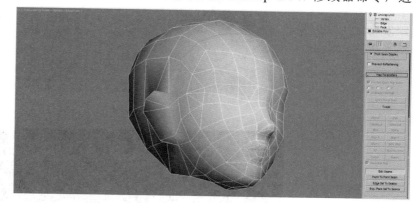

图 8-37　设置缝合线

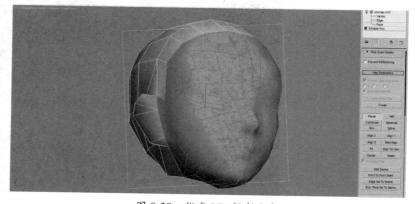

图 8-38　指定 UV 投射方式

使用与上面相同的方法分展其他模型部分的 UV，流程基本相同，不同的可能是 UV 投射方式的选择，身体和衣服部分可能更多使用 Pelt 命令进行 UV 平展，而四肢可能需要选择 Cylindrical 方式。将所有头发模型的 UV 网格进行拆分和拼合，如图 8-40 所示。为了节省贴图，将头部、头发跟发带的 UV 网格全部拼合在一张贴图上（见图 8-41）。

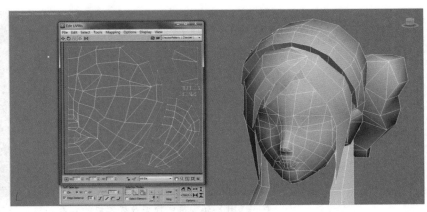

图 8-39　拆分头部 UV

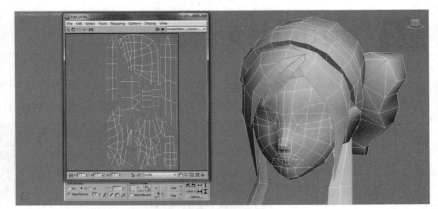

图 8-40　拆分头发 UV

图 8-41　头部、头发跟发带 UV 的拼合

接下来将角色的身体、腰部衣饰以及腿部模型的 UV 进行拆分，UV 的拆分方法以及缝合线的处理如图 8-42 所示。然后将这些模型的 UV 全部拼合到一张贴图上，如图 8-43 所示。由于模型细节过多，无法将所有 UV 全部整合到一起，这里将小臂以及靴子模型的 UV 单独进行拆分，作为第三张贴图（见图 8-44）。

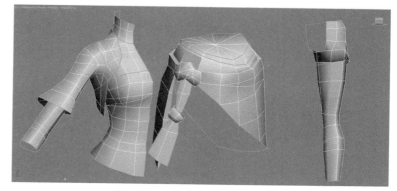

图 8-42　角色身体模型的 UV 拆分

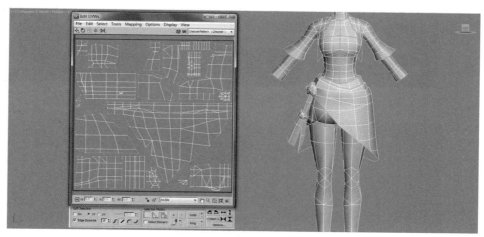

图 8-43　UV 的拼合处理

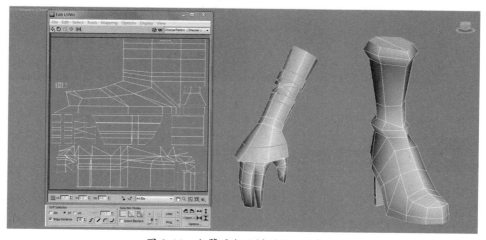

图 8-44　小臂跟靴子模型的 UV 拆分

接下来开始绘制角色模型贴图。作为手绘风格的 NPC 角色模型来说，可以首先利用大色块来进行颜色涂充，然后再利用明暗色来进行局部明暗关系的处理，可以根据项目的具体风格和要求来决定贴图细节的绘制和刻画程度（见图 8-45）。脸部贴图可以将明暗关系尽量减弱，着重刻画眉眼以及嘴唇。另外，头发贴图要注意面片模型的镂空处理，面片模型贴图末端要制作出通道，最后将整张贴图保存为 Alpha 通道的 DDS 贴图格式（见图 8-46）。图 8-47 为头发模型添加 Alpha 贴图后的效果。

图 8-45　角色身体模型贴图

图 8-46　角色脸部以及头发模型贴图

图 8-47　头发添加 Alpha 贴图的效果

8.5　Q 版游戏角色模型的制作　▶ ▶ ▶

Q 版游戏角色设计首先要从整体的形体比例上来把握，一般正常人体的身体比例为 8 头身左右，而 Q 版角色则要打破这种常规，为了给人带来可爱和萌的感觉，Q 版游戏中角色的形体比例通常为 3 头身或 5 头身，如图 8-48 所示。

图 8-48　Q 版游戏中 3 头身和 5 头身的角色比例

　　3 头身的角色形象设计除了要将头部放大外，还要将四肢等身体结构进行缩短，类似于婴儿形体的比例，这样能够让角色更富有 Q 的感觉。而 5 头身角色通常只是将头部进行放大，躯干、四肢等身体结构保持正常的比例即可。除此以外，在某些游戏中为了突出角色萌的感觉，还可以对其进行更加 Q 版化的设计，比如甚至会出现 2 头身形体比例的角色，如图 8-49 所示。

图 8-49　Q 版游戏中 2 头身比例的角色形象

　　除了形体比例的把控外，要想设计出可爱的 Q 版角色，还要从角色的五官特点来进行刻画，通常可爱的 Q 版角色眼睛都非常大，而鼻子跟嘴巴都会设计得相对较小，这样可以更好地突出角色 Q 萌的感觉。一般 Q 版角色的面部表情也都非常生动，能够更好地表现其角色的 Q 版特点。下面就来学习 Q 版游戏角色模型的制作方法，在本章实例中我们选取日本著名动漫《火影忍者》中的角色作为制作的对象，如图 8-50 所示。

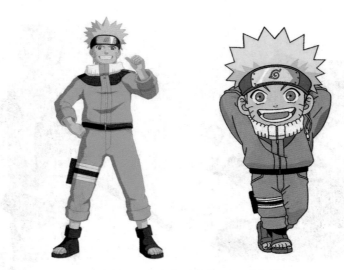

图 8-50　角色原版与 Q 版设定图

　　图 8-50 左侧为角色原版正常比例下的设定图，基本为 6 头身到 7 头身之间，如果要对其进行 Q 版化设计，需要将其头部比例放大，基本与躯干比例达到 1:1，然后腿部比例也需要缩短，差不多为 1.5 个头部，手臂和手部也要随着身体比例的变化进行调整，Q 版化完成的效果如图 8-50 右侧所示。

　　对于 Q 版游戏来说，通常模型面数十分精简，但需要注意的是，Q 版面数的限制并不是由于要考虑硬件和引擎负载的缘故，而是由自身风格所决定的，低精度模型的棱角和简约感刚好符合 Q 版化的设计理念，所以通常对于 Q 版游戏角色模型来说，一般将面数限制在 2000 面以内。由于本章要制作的角色也是对称结构，所以只制作一侧的模型即可，下面开始实际模型的制作。

　　首先，在视图中创建 BOX 模型，然后利用中心对称删除一半的模型，通过编辑多边形命令制作出基本的模型形态，作为角色头顶头发的基础模型，这里仍然只需要制作一半，后面通过镜像来完成（见图 8-51）。

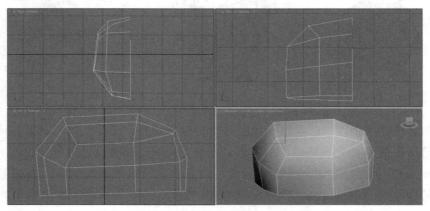

图 8-51　制作角色头顶模型

　　接下来通过加线细化模型结构，如图 8-52 所示。然后在每一个多边形矩形面内，利用点层级下的 Cut 命令连接矩形对角线的顶点，制作相交的边线（见图 8-53）。选中矩形面内新添加边线相交的顶点，向外拖曳，制作出类似锥形的模型结构，将其作为角色头发的模型，具体形态可以参照原画设定图（见图 8-54）。

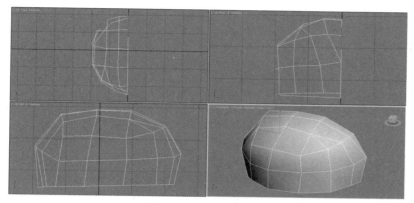

图 8-52　细化模型结构

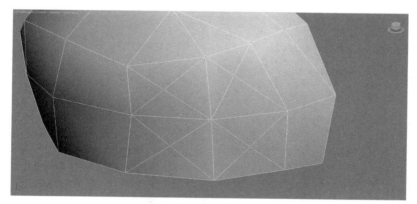

图 8-53　制作交叉边线

图 8-54　拖曳顶点制作出头发结构

利用这种方法完成整个头发的制作，最后效果如图 8-55 所示。接下来在头发下方紧贴下边缘的位置利用面片模型制作出发带模型，同样只制作一半即可（见图 8-56）。要注意头部后方头发与发带的衔接处理，如图 8-57 所示。然后利用 BOX 和面片模型制作出发带背面的结扣结构（见图 8-58）。

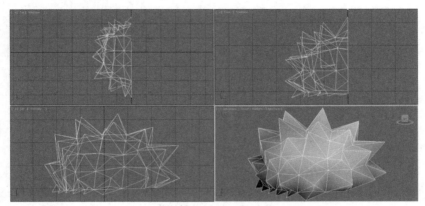

图 8-55　制作完成的头发模型

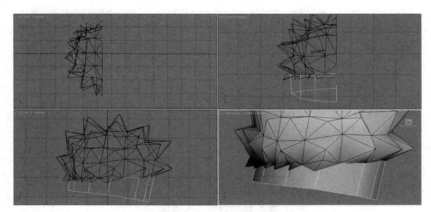

图 8-56　制作发带结构

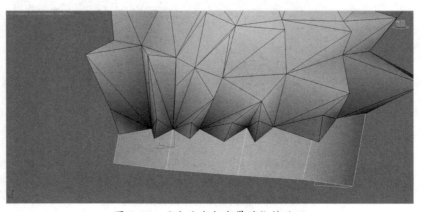

图 8-57　后方头发与发带的衔接处理

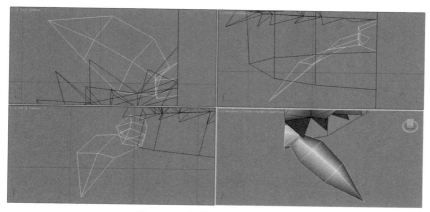

图 8-58 制作发带背面的结扣

　　发带制作完成后，将模型添加 Symmetry 修改器命令，让其实现镜像对称。然后选中发带模型底部的边线，按住 Shift 键向下拖曳，制作出脸部模型的基本轮廓（见图 8-59）。

接下来进一步编辑脸部模型，利用面层级的挤出命令制作出脖子的模型结构，然后通过添加边线制作出鼻子的大致形态，如图 8-60 所示。继续增加边线，细化鼻子和下巴的模型结构（见图 8-61）。 接下来通过增加边线制作出嘴部的模型结构，由于是 Q 版模型，只需要利用尽量简单的布线来制作模型的局部结构（见图 8-62）。

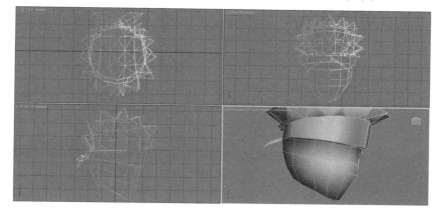

图 8-59 制作脸部模型基本轮廓

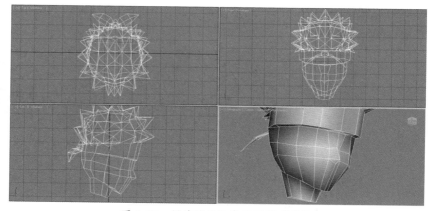

图 8-60 制作脖子和鼻子的模型结构

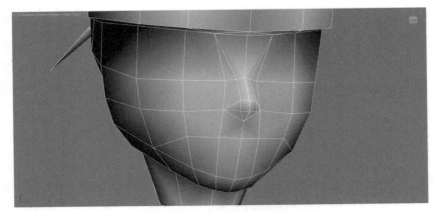

图 8-61 细化鼻子和下巴的模型结构

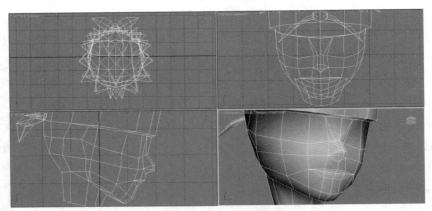

图 8-62 制作嘴部模型结构

　　接下来在眼部模型面中间利用 Cut 命令添加一道边线（见图 8-63）。然后选中新加的边线，利用边层级下的 Chamfer 命令将其一分为二，如图 8-64 所示。通过进一步的布线和编辑完成眼部模型的制作，这里不需要制作出眼球的结构，其细节主要通过后面的贴图来表现（见图 8-65）。

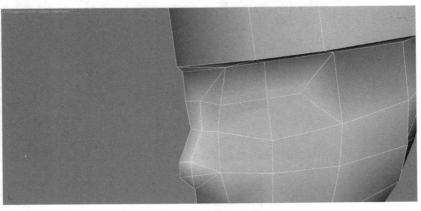

图 8-63 增加边线

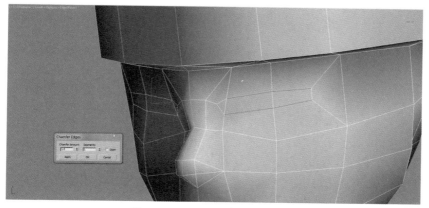

图 8-64　利用倒角命令分割边线

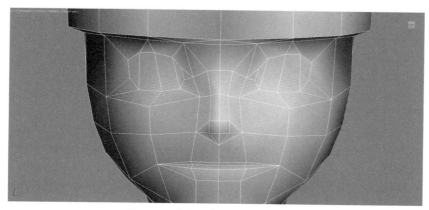

图 8-65　完成眼部模型结构的制作

　　在脸部模型侧面利用布线和面层级下的挤出命令制作出耳朵的模型结构（见图 8-66）。然后制作耳朵后方、发带以下的头发模型，制作方法与头顶头发相同（见图 8-67）。头部模型制作完成后开始制作躯干模型，首先在脖子周围利用编辑多边形命令制作出衣领的模型结构（见图 8-68）。

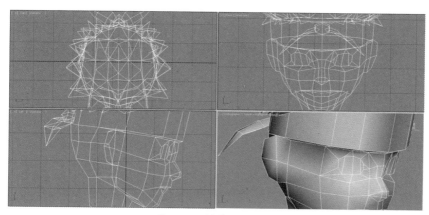

图 8-66　制作耳朵模型

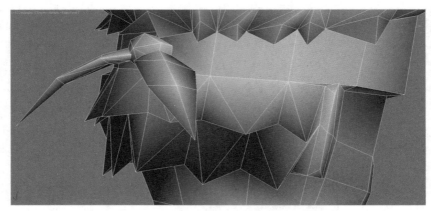

图 8-67　制作耳朵后方头发

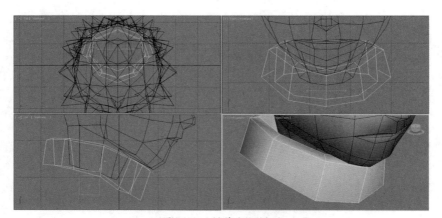

图 8-68　制作衣领模型

　　接下来沿着衣领模型向下延伸制作出躯干的基本形态，如图 8-69 所示。然后在角色腰腹部增加分段布线，细化模型结构，对于 Q 版模型来说，要考虑到后期的骨骼绑定和角色运动，所以只需在关节和运动部位适当增加分段，其他部位主要以简化的大面为主（见图 8-70）。

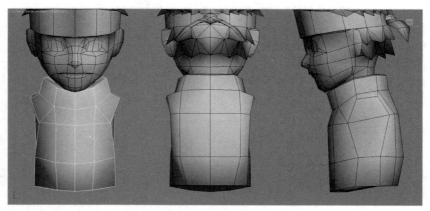

图 8-69　制作躯干的基本形态

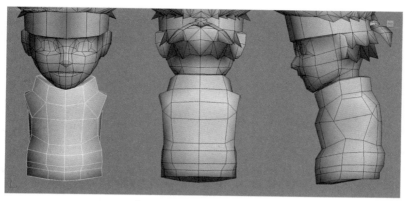

图 8-70 增加分段细化模型

　　然后编辑躯干侧面的模型结构，增加适当边线，编辑制作出臂膀的横截面轮廓，删除模型面，如图 8-71 所示。进入多边形 Border 层级，利用拖曳复制的方式制作出胳膊的模型结构，图中的左侧与右侧分别为正面与背面的模型结构（见图 8-72）。接着增加分段，尤其是运动关节处，同时制作衣服袖口的模型结构（见图 8-73）。最后制作出手部模型，与袖口进行衔接插入（见图 8-74）。这样角色模型的上半身就全部制作完成了，效果如图 8-75 所示。

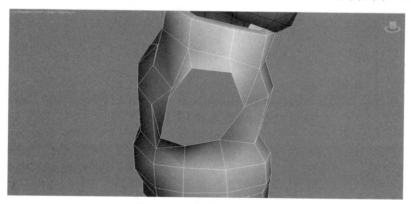

图 8-71 编辑躯干模型侧面

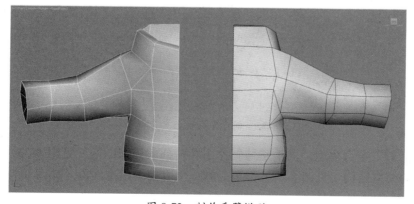

图 8-72 制作手臂模型

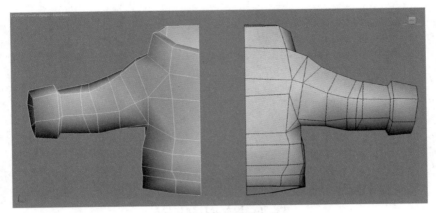

图 8-73　增加模型分段

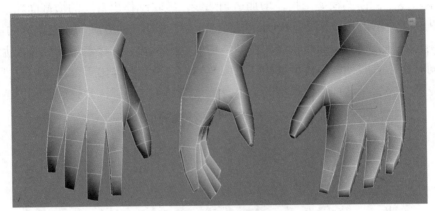

图 8-74　制作手部模型

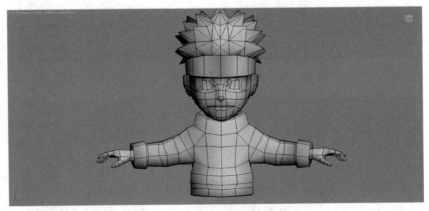

图 8-75　制作完成的上半身模型

接下来沿着上半身模型，向下延伸制作出臀胯部的模型结构（见图 8-76），向下继续制作出腿部的模型结构（见图 8-77），最后制作出脚部的模型结构，如图 8-78 所示。

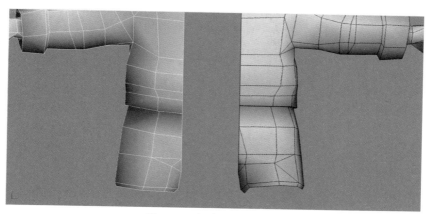

图 8-76 制作下半身模型

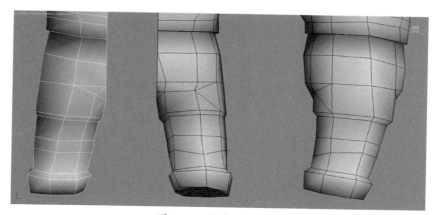

图 8-77 制作腿部模型

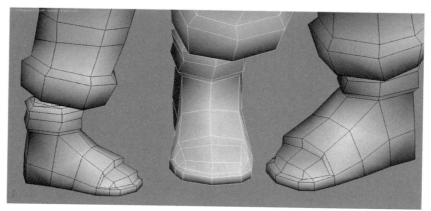

图 8-78 制作脚部模型

最后，为模型制作腿部和肩部的装饰模型（见图 8-79、图 8-80）。这样 Q 版角色模型就全部制作完成了，最终效果如图 8-81 所示。

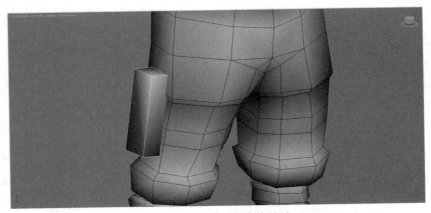

图 8-79　制作腿部装饰模型

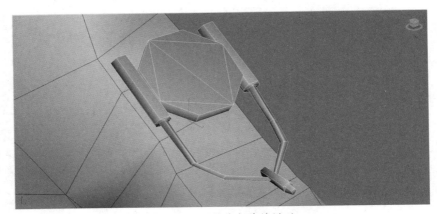

图 8-80　制作肩部装饰模型

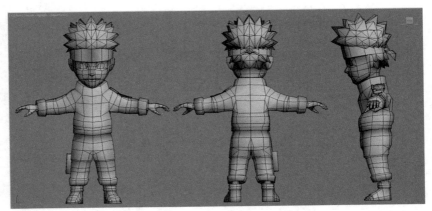

图 8-81　模型最终完成的效果

　　模型全部制作完成后，就要对模型 UV 进行拆分。对于 Q 版游戏角色模型来说，由于贴图追求卡通风格，不太注重细节的刻画，所以通常把角色的全部 UV（包括武器和装备等）都拆分在一张贴图上即可，但这里为了表现脸部的细节，我们将其单独拆分在一张贴图上。

　　由于角色为对称结构，在拆分 UV 前可以将 Symmetry 修改器先删除，再将所有模型拼到一起，然后进行 UV 的平展和拼合。

　　UV 拆分完成后就可以进行贴图的绘制了，Q 版游戏角色为了保持卡通风格，贴图所使用的颜色一般比较鲜艳亮丽，色彩纯度较高。Q 版风格的贴图绘制一般是利用大色块进行填充，然后简单地表现明暗关系即可。与写实类模型贴图最大的区别是，Q 版贴图整体非常柔和，最后不需要叠加纹理，因此模型出现 UV 拉伸时不会太明显，这也是 Q 版模型的一大特点。图 8-82 为 Q 版角色贴图绘制的效果，图 8-83 为视图场景中模型添加贴图的最终效果。

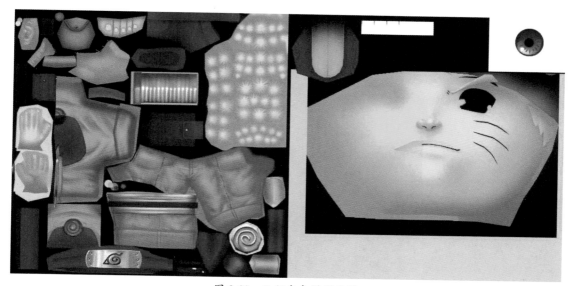

图 8-82　Q 版角色模型贴图

图 8-83　添加贴图后的模型效果

9.1　高精度角色模型的特点 ▶ ▶ ▶ ▶

　　高精度角色模型一般包含的多边形面数非常多，通常用于次世代 3A 级游戏的制作。

高精度模型相对于低精度模型而言，最大的区别就是模型面数上，现在由于次世代游戏硬件平台的发展，一些游戏中的角色模型面数能高达近 10 万多边形面（见图 9-1），所以提高模型精度的第一步就是增加角色模型的面数。

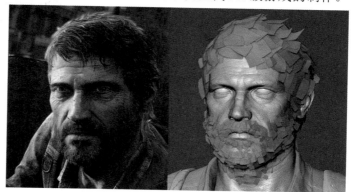

图 9-1　次世代平台游戏角色模型

　　高精度模型与低精度模型另外的不同，还在于模型的制作流程和方法。虽然高精度模型和低精度模型都是利用三维软件中的多边形编辑命令制作出来的，低模在制作完成后就变成了"成品"的状态，后面可以直接导入游戏引擎中应用；而高模在完成了多边形编辑后，还必须将模型整体添加 Smooth命令，将模型整体进行圆滑和更加精细的细分处理，这样最后通过渲染器渲染出来的图像效果才符合 3A 级别的要求（见图 9-2）。

图 9-2　添加 Smooth 命令后的模型网格精度

在实际制作中，对于高精度模型的制作也要适当考虑模型面数的控制，尽量保证视图操作的流畅。对于模型中转折较大的结构可以适当增加边线和面数，保证添加Smooth命令后模型结构的正常；而对于没有转折关系的平面可以尽量减少多余的模型面数，这样才能让制作出的模型面物尽其用，达到最终理想的效果（见图 9-3）。

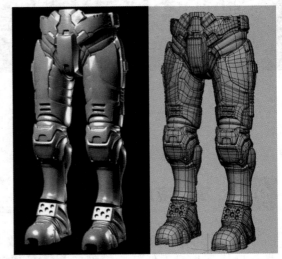

图 9-3 高精度模型的布线规律

9.2 机械类角色模型的特点 ▶ ▶ ▶ ▶

在前面的章节中，讲解了人物角色模型的制作方法，这类模型属于软体模型的范畴，也就是能够根据自身结构的特点发生形变运动。除此以外，还有一类模型我们称为硬体模型，所谓硬体模型是指自身结构坚硬，每一块独立的模型结构自身不能进行形变而产生运动，本章将要讲的机械类角色模型就属于硬体模型。

所谓机械类角色，是指在游戏作品中利用机械结构和部件组合而成的角色类型。当今三维制作领域常见的机械角色主要有三大类型：人形机械角色、非人形机械角色以及半生物机械角色等。下面来分别进行介绍。

人形机械角色是指模仿人体比例和外形利用机械结构组成的角色类型，像变形金刚、高达以及本章实例中的钢铁侠都属于人形机械角色。图 9-4 为变形金刚中的经典角色"大黄蜂"，这就是典型的人形机械角色，角色整体虽然是由汽车的机械部件构成，但整个角色的形体比例和身体结构却都是模仿人体形态，头、颈、躯干、四肢以及手脚都是仿照人体结构进行设计和制作的，这也是人形机械角色的最基本特征。

图 9-4 变形金刚中的经典角色"大黄蜂"

除了形体结构外，人形机械角色的运动方式也与人类基本相同。在实际制作中，角色模型制作完成后，需要对人形机械角色进行骨骼绑定，我们完全可以利用 3ds Max 中的 Bipe 人形骨骼进行匹配和绑定（见图 9-5），甚至无须过多修整，这种与人类相近的骨骼系统和运动方式也是人形机械角色的重要特征。

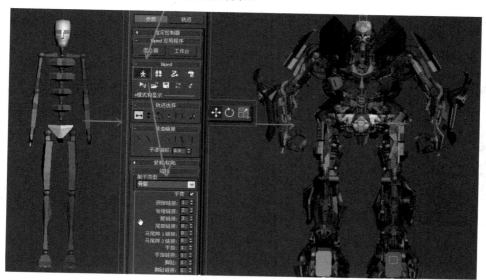

图 9-5　利用 Bipe 骨骼系统绑定人形机械角色

虽然人形机械角色和人体有众多相似之处，但由于分属两大不同的模型类型，两者也存在本质的区别。人体由于自身具有软体模型的特点，在绑定骨骼后模型结构本身可以发生运动带来的弯曲、扭曲等正常合理范围之内的形变。而机械角色属于硬体模型，就不能出现这种类似的形变运动，人形机械角色在进行骨骼绑定的时候，必须将骨骼关键匹配在模型的转折部件中心点上，然后将其他身体部件全部以刚体模式绑定在相应的骨骼上，如图 9-6 所示；或者也可以不利用骨骼系统作为其运动的驱动方式，而采用子父关系连接和运动约束的方式来实现其运动和动画的调节。

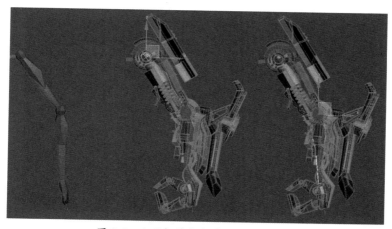

图 9-6　人形机械角色骨骼绑定的方式

　　非人形机械角色的定义是相对于人形机械角色而言的，是指那些没有按照人体结构设计和制作出来的由机械结构所构成的角色。非人形机械角色主要包括两类：一类是指现实广义上的机器人角色，从整体来看更像"机器"，而非"人"，如图9-7所示，角色整体都是由机械零件组合构成，虽然有头部、手臂以及身体的功能区分，但每个部分都与人体结构相差甚远；另一类则是仿照动物的形态结构所设计和制作出来的，也可以称为仿生机械角色，例如图9-8中的机械蝎子，虽然整体都是由非常具象的机械零件构成，但无论是身体比例结构，还是形态以及运动原理都是模仿现实世界中的蝎子进行设计和制作的。

 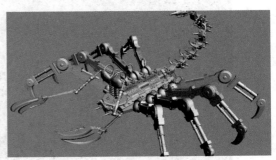

图9-7　非人形机械角色　　　　　　　　　　　图9-8　机械蝎子

　　除此以外，还有一类衍生出来的机械角色，那就是半生物机械角色。所谓半生物机械角色是指将生物角色与机械进行混合设计和制作，角色自身既有生物角色的特征，也有机械特征。这种角色类似前面章节中讲过的幻想类角色，都是利用现实素材进行想象和加工所创造出来的概念形象，在游戏作品中尤其常见，许多游戏中的BOSS形象都是利用这种概念设计出来的。

　　图9-9中就是一种半生物机械角色，角色本体是人体形象，但除了头、部分躯干和手臂外，身体其他部分都被机械结构覆盖。这类角色的设计和制作与一般角色穿戴盔甲有所不同，机械部分与人体结构必须有衔接关系的处理，而不是将机械结构简单附着在角色表面之上。图9-10中角色的手臂部分就属于生物结构与机械相衔接，而图9-11则只是生物角色穿戴了机械化的盔甲。

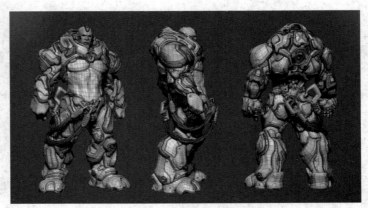

图9-9　半生物机械角色

图 9-10　生物结构与机械的衔接处理

图 9-11　生物角色穿着机械化盔甲

9.3　高精度角色模型实例制作　

　　图 9-12 为本章实例制作的模型设定图，图中可以从不同角度查看角色各个部分的结构和细节。角色整体的制作流程与人体大致相同，在制作的时候可以按照头、躯干和四肢的顺序来进行，制作中要特别注意模型棱角和转折结构的处理，注意在这些结构处增加布线和面数，以方便后面为模型添加 Smooth 命令。由于是机械角色高模，所以没有必要按照之前一体化模型的方式来制作，可以先制作每一部分的模型结构，最后再进行整合和拼装。下面开始实际模型的制作。

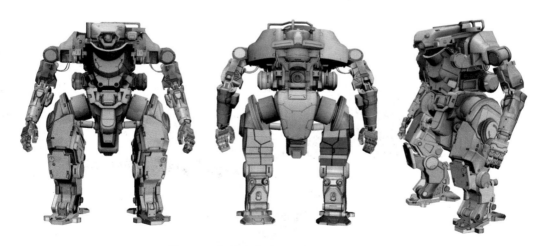

图 9-12　钢铁侠高精度角色模型设定图

　　首先来制作机甲的头部模型结构。其实高精度模型也是从低精度模型细化而来的，高模结构首先也需要制作基本的模型轮廓，然后通过深化布线来增加模型细节。在 3ds Max

视图中通过编辑多边形命令制作出基本的头部模型（见图 9-13）。利用复合对象菜单中的布尔命令，通过减掉圆柱体模型制作出顶部的孔洞结构（见图 9-14）。

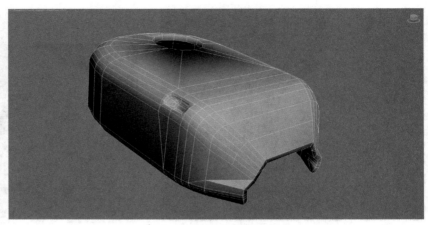

图 9-13　制作头部模型

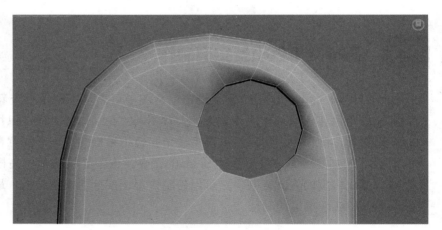

图 9-14　制作孔洞结构

继续利用编辑多边形命令制作头部底面的模型结构（见图 9-15），之后制作头部周围的机甲模型（见图9-16、图 9-17）。

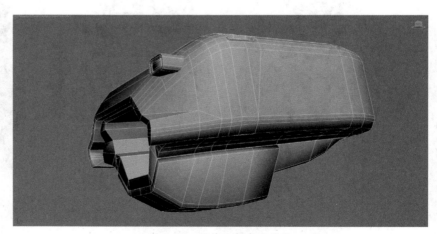

图 9-15　制作头部底面结构

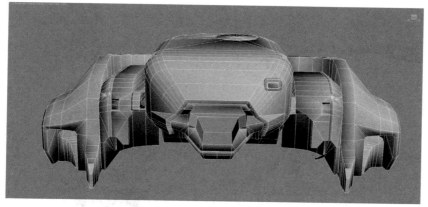

图 9-16　制作头部周围的机甲结构（正面）

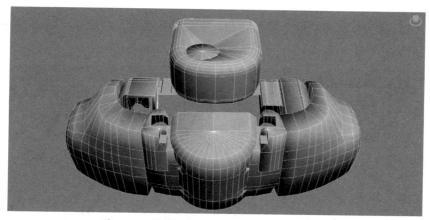

图 9-17　制作头部周围的机甲结构（背面）

　　在头部模型中间的空间中制作眼球模型以及周围的管线模型，管线模型通过编辑圆柱体模型制作完成，主要表现模型复杂的细节结构（见图 9-18）。接着制作头部与周围机甲结构之间连接的模型结构以及管线细节（见图 9-19）。

图 9-18　制作眼球模型

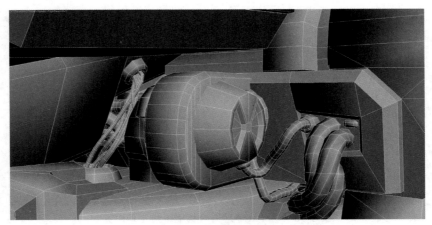

图 9-19　制作连接结构

最后制作头部下方背面的机甲模型结构，此处的模型结构主要为了跟后面躯干部分进行连接（见图 9-20、图 9-21）。

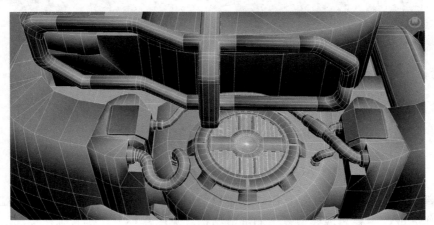

图 9-20　制作背面模型结构

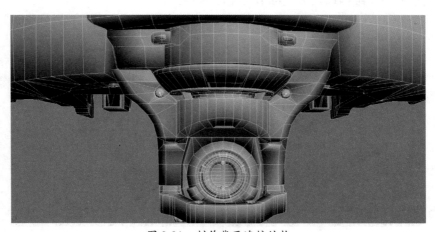

图 9-21　制作背面连接结构

头部模型制作完成后，接下来制作躯干部分。首先制作躯干正面的机甲模型结构（见图 9-22）。之后在制作完成的结构后面继续制作相关的躯干结构（见图 9-23），然后利用编辑多边形命令制作细节以及管路模型（见图 9-24）。

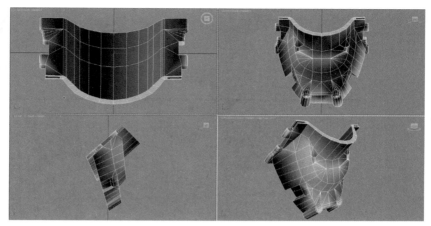

图 9-22　制作躯干正面的机甲结构

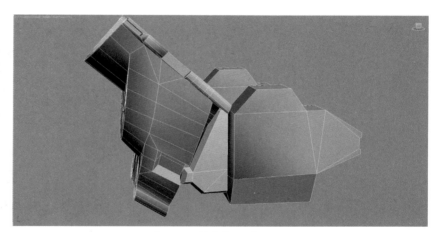

图 9-23　制作躯干模型结构

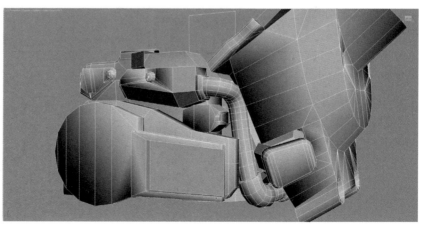

图 9-24　制作两侧细节结构

在躯干两侧利
用圆柱体模型制
作扩展的机甲模型结
构（见图9-25），
然后制作背面的模
型结构及管线细节
（见图9-26）。

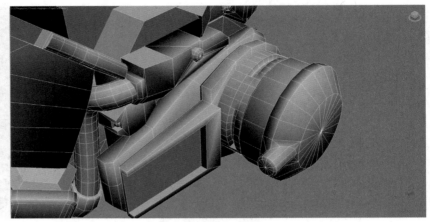

图 9-25　制作两侧扩展结构

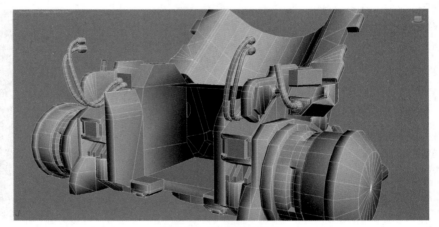

图 9-26　制作背面结构

接下来制作躯
干下方的机甲模型，
这部分模型类似于
人体的腰胯部位，
主要用来连接上方
躯干以及下方的腿
部模型（见图9-27）。

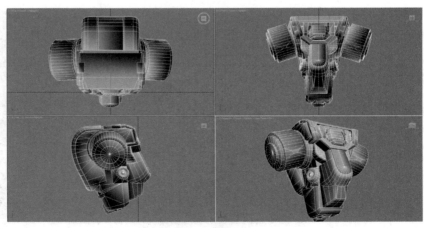

图 9-27　制作腰胯部机甲模型

下面来制作机甲的上肢，由于是对称结构，只需要制作一侧的模型即可。利用编辑圆柱体模型制作肩部的连接结构（见图9-28），然后向下延伸制作上臂的模型结构（见图9-29），为上臂模型增加细节（见图9-30）。

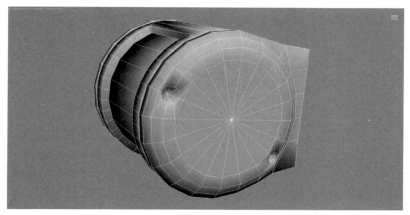

图 9-28　制作肩部模型结构

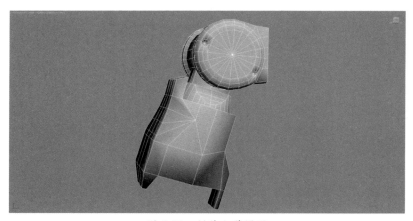

图 9-29　制作上臂模型

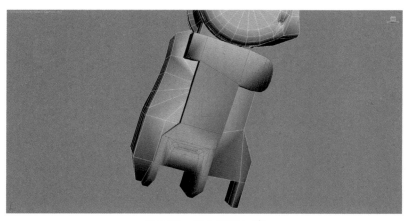

图 9-30　增加模型细节

　　接下来在内凹模型结构中制作上臂与小臂的连接结构（见图9-31），然后制作小臂模型，也是主要利用圆柱体模型进行制作（见图9-32）。继续往下制作手部模型，要注意手指关节的连接结构，这里都是后期需要骨骼绑定的结构（见图9-33）。

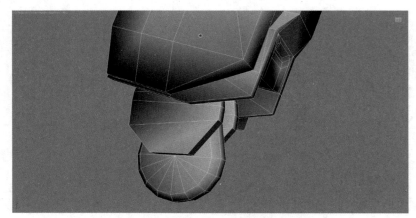

图 9-31　制作连接结构

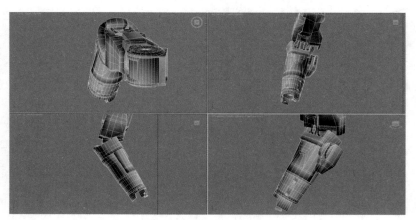

图 9-32　制作小臂模型

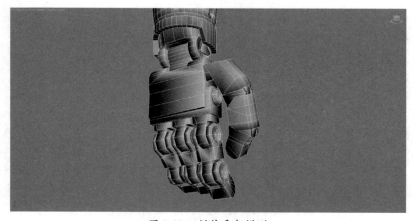

图 9-33　制作手部模型

　　最后来制作机甲的腿部模型，仍然只需制作一侧的模型即可。首先制作大腿部的模型结构（见图9-34），图9-35为大腿背面的模型结构。接下来制作大腿跟小腿之间的关节结构，其实就是一个圆柱体的模型结构（见图9-36）。最后制作小腿和足部机甲模型（见图9-37、图9-38），图9-39为小腿背面的模型细节。

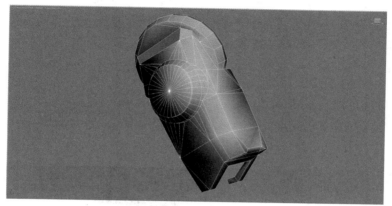

图 9-34　制作大腿模型

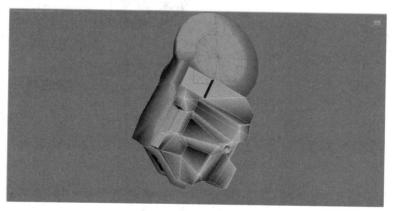

图 9-35　大腿背面模型

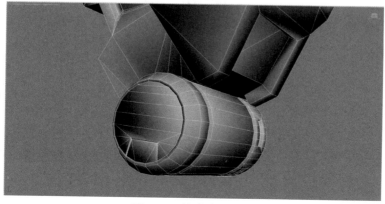

图 9-36　制作连接结构

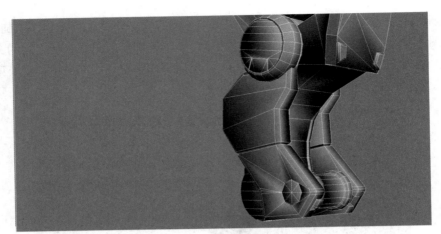

图 9-37　制作小腿模型

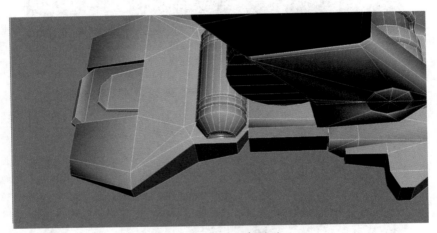

图 9-38　制作足部模型

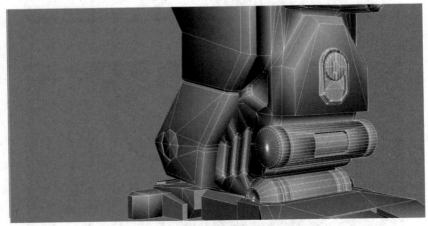

图 9-39　小腿背面模型结构

下面要将制作完成的所有模型进行拼装和整合。首先将制作完成的头部、躯干、手臂和腿部模型相应摆放到视图场景中（见图 9-40）。

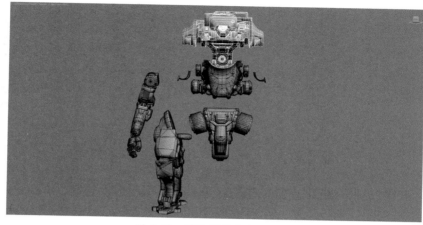

图 9-40　摆放制作完成的模型

接下来直接将头部模型、躯干模型与腰胯部模型进行拼装组合（见图 9-41）。然后再将手部和腿部模型拼装到刚才组装完成的躯干模型上（见图 9-42），利用镜像复制命令完成另一侧手臂和腿部模型的制作（见图 9-43）。

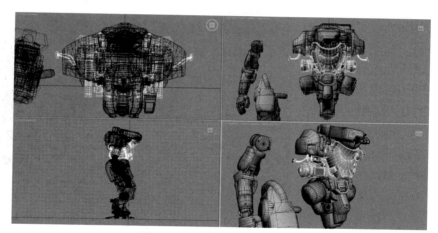

图 9-41　拼装头部和躯干模型

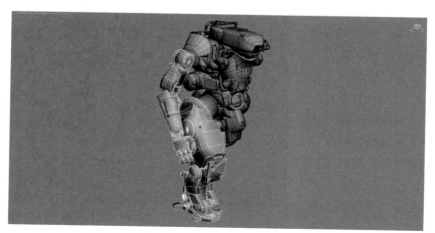

图 9-42　拼装手部和腿部模型

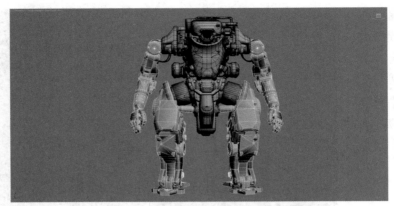

图 9-43　利用镜像命令制作另一侧手部和腿部模型

然后将不同的模型进行 UV 的分展（见图 9-44），最后为模型制作并添加贴图，完成后的效果如图 9-45 所示。给制作完成的模型添加 MeshSmooth 修改器，将其制作为高精度模型。

图 9-44　模型 UV 分展

高精度模型的制作实际上是一个十分复杂的过程，尤其是对于 3A 级别的高模，其制作过程往往要花费数月，在本节中对于机甲高模的制作主要侧重整体的制作流程和关键技法的讲解，让大家了解机械类模型以及高精度角色模型的基本概念和制作方法。

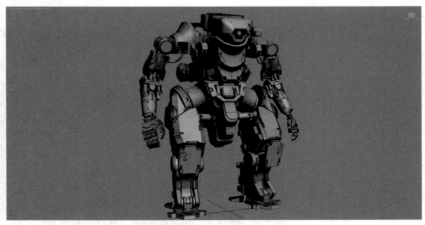

图 9-45　制作完成的模型效果

3ds Max 中英文命令对照

File〈文件〉	Edit〈菜单〉
New〈新建〉	Undo or Redo〈取消 / 重做〉
Reset〈重置〉	Hold and fetch〈保留 / 引用〉
Open〈打开〉	Delete〈删除〉
Save〈保存〉	Clone〈克隆〉
Save As〈保存为〉	Select All〈全部选择〉
Save Selected〈保存选择〉	Select None〈空出选择〉
XRef Objects〈外部引用物体〉	Select Invert〈反向选择〉
XRef Scenes〈外部引用场景〉	Select By〈参考选择〉
Merge〈合并〉	Color〈颜色选择〉
Merge Animation〈合并动画动作〉	Name〈名字选择〉
Replace〈替换〉	Rectangular Region〈矩形选择〉
Import〈输入〉	Circular Region〈圆形选择〉
Export〈输出〉	Fabce Region〈连点选择〉
Export Selected〈选择输出〉	Lasso Region〈套索选择〉
Archive〈存档〉	Region〈区域选择〉
Summary Info〈摘要信息〉	Window〈包含〉
File Properties〈文件属性〉	Crossing〈相交〉
View Image File〈显示图像文件〉	Named Selection Sets〈命名选择集〉
History〈历史〉	Object Properties〈物体属性〉
Exit〈退出〉	
Tools〈工具〉	**Group〈群组〉**
Transform Type-In〈键盘输入变换〉	Group〈群组〉
Display Floater〈视窗显示浮动对话框〉	Ungroup〈撤销群组〉
Selection Floater〈选择器浮动对话框〉	Open〈开放组〉
Light Lister〈灯光列表〉	Close〈关闭组〉
Mirror〈镜像物体〉	Attach〈配属〉
Array〈阵列〉	Detach〈分离〉
Align〈对齐〉	Explode〈分散组〉
Snapshot〈快照〉	
Spacing Tool〈间距分布工具〉	
Normal Align〈法线对齐〉	
Align Camera〈相机对齐〉	

续表

Align to View〈视窗对齐〉 Place Highlight〈放置高光〉 Isolate Selection〈隔离选择〉 Rename Objects〈物体更名〉	

Views〈查看〉	
Undo View Change/Redo View Change〈取消 / 重做视窗变化〉	Show Ghosting〈显示重像〉
Save Active View/Restore Active View〈保存 / 还原当前视窗〉	Show Key Times〈显示时间键〉
Viewport Configuration〈视窗配置〉	Shade Selected〈选择亮显〉
Grids〈栅格〉	Show Dependencies〈显示关联物体〉
Show Home Grid〈显示栅格命令〉	Match Camera to View〈相机与视窗匹配〉
Activate Home Grid〈活跃原始栅格命令〉	Add Default Lights To Scene〈增加场景缺省灯光〉
Activate Grid Object〈活跃栅格物体命令〉	Redraw All Views〈重画所有视窗〉
Activate Grid to View〈栅格及视窗对齐命令〉	Activate All Maps〈显示所有贴图〉
Viewport Background〈视窗背景〉	Deactivate All Maps〈关闭显示所有贴图〉
Update Background Image〈更新背景〉	Update During Spinner Drag〈微调时实时显示〉
Reset Background Transform〈重置背景变换〉	Adaptive Degradation Toggle〈绑定适应消隐〉
Show Transform Gizmo〈显示变换坐标系〉	Expert Mode〈专家模式〉

Create〈创建〉	
Standard Primitives〈标准图元〉	Ellipse〈椭圆〉
Box〈立方体〉	Helix〈螺旋线〉
Cone〈圆锥体〉	NGon〈多边形〉
Sphere〈球体〉	Rectangle〈矩形〉
GeoSphere〈三角面片球体〉	Section〈截面〉
Cylinder〈圆柱体〉	Star〈星型〉
Tube〈管状体〉	Lights〈灯光〉
Torus〈圆环体〉	Target Spotlight〈目标聚光灯〉
Pyramid〈角锥体〉	Free Spotlight〈自由聚光灯〉
Plane〈平面〉	Target Directional Light〈目标平行光〉
Teapot〈茶壶〉	Directional Light〈平行光〉
Extended Primitives〈扩展图元〉	Omni Light〈泛光灯〉
Hedra〈多面体〉	Skylight〈天光〉
Torus Knot〈环面纽结体〉	Target Point Light〈目标指向点光源〉
Chamfer Box〈斜切立方体〉	Free Point Light〈自由点光源〉
Chamfer Cylinder〈斜切圆柱体〉	Target Area Light〈指向面光源〉
Oil Tank〈桶状体〉	IES Sky〈IES 天光〉
Capsule〈角囊体〉	IES Sun〈IES 阳光〉
Spindle〈纺锤体〉	SuNLIGHT System and Daylight〈太阳光及日光系统〉
L-Extrusion〈L 形体按钮〉	Camera〈相机〉
Gengon〈导角棱柱〉	Free Camera〈自由相机〉
C-Extrusion〈C 形体按钮〉	

续表

RingWave〈环状波〉	Target Camera〈目标相机〉
Hose〈软管体〉	Particles〈粒子系统〉
Prism〈三棱柱〉	Blizzard〈暴风雪系统〉
Shapes〈形状〉	PArray〈粒子阵列系统〉
Line〈线条〉	PCloud〈粒子云系统〉
Text〈文字〉	Snow〈雪花系统〉
Arc〈弧〉	Spray〈喷溅系统〉
Circle〈圆〉	Super Spray〈超级喷射系统〉
Donut〈圆环〉	

Modifiers〈修改器〉

Selection Modifiers〈选择修改器〉	UVW Map〈UVW 贴图编辑器〉
Mesh Select〈网格选择修改器〉	UVW Xform〈UVW 贴图参考变换编辑器〉
Poly Select〈多边形选择修改器〉	Unwrap UVW〈展开贴图编辑器〉
Patch Select〈面片选择修改器〉	Camera Map〈相机贴图编辑器〉
Spline Select〈样条选择修改器〉	* Camera Map〈环境相机贴图编辑器〉
Volume Select〈体积选择修改器〉	Cache Tools〈捕捉工具〉
FFD Select〈自由变形选择修改器〉	Point Cache〈点捕捉编辑器〉
NURBS Surface Select	Subdivision Surfaces〈表面细分〉
〈NURBS 表面选择修改器〉	MeshSmooth〈表面平滑编辑器〉
Patch/Spline Editing〈面片 / 样条线修改器〉	HSDS Modifier〈分级细分编辑器〉
Edit Patch〈面片修改器〉	Free Form Deformers〈自由变形工具〉
Edit Spline〈样条线修改器〉	FFD 2×2×2/FFD 3×3×3/FFD 4×4×4
Cross Section〈截面相交修改器〉	〈自由变形工具 2×2×2/3×3×3/4×4×4〉
Surface〈表面生成修改器〉	FFD Box/FFD Cylinder
Delete Patch〈删除面片修改器〉	〈盒体和圆柱体自由变形工具〉
Delete Spline〈删除样条线修改器〉	Parametric Deformers〈参数变形工具〉
Lathe〈车床修改器〉	Bend〈弯曲〉
Normalize Spline〈规格化样条线修改器〉	Taper〈锥形化〉
Fillet/Chamfer〈圆切及斜切修改器〉	Twist〈扭曲〉
Trim/Extend〈修剪及延伸修改器〉	Noise〈噪声〉
Mesh Editing〈表面编辑〉	Stretch〈缩放〉
Cap Holes〈顶端洞口编辑器〉	Squeeze〈压榨〉
Delete Mesh〈编辑网格物体编辑器〉	Push〈推挤〉
Edit Normals〈编辑法线编辑器〉	Relax〈松弛〉
Extrude〈挤压编辑器〉	Ripple〈波纹〉
Face Extrude〈面拉伸编辑器〉	Wave〈波浪〉
Normal〈法线编辑器〉	Skew〈倾斜〉
Optimize〈优化编辑器〉	Slice〈切片〉
Smooth〈平滑编辑器〉	Spherify〈球形扭曲〉
STL Check〈STL 检查编辑器〉	Affect Region〈面域影响〉
Symmetry〈对称编辑器〉	Lattice〈栅格〉
Tessellate〈镶嵌编辑器〉	Mirror〈镜像〉
Vertex Paint〈顶点着色编辑器〉	Displace〈置换〉

Vertex Weld〈顶点焊接编辑器〉	XForm〈参考变换〉
Animation Modifiers〈动画编辑器〉	Preserve〈保持〉
Skin〈皮肤编辑器〉	Surface〈表面编辑〉
Morpher〈变体编辑器〉	Material〈材质变换〉
Flex〈伸缩编辑器〉	Material By Element〈元素材质变换〉
Melt〈熔化编辑器〉	Disp Approx〈近似表面替换〉
Linked XForm〈连结参考变换编辑器〉	NURBS Editing〈NURBS 面编辑〉
Patch Deform〈面片变形编辑器〉	NURBS Surface Select〈NURBS 表面选择〉
Path Deform〈路径变形编辑器〉	Surf Deform〈表面变形编辑器〉
Surf Deform〈表面变形编辑器〉	Disp Approx〈近似表面替换〉
* Surf Deform〈空间变形编辑器〉	Radiosity Modifiers〈光能传递修改器〉
UV Coordinates〈贴图轴坐标系〉	Subdivide〈细分〉
	* Subdivide〈超级细分〉

Character〈角色人物〉	
Create Character〈创建角色〉	Bone Tools〈骨骼工具〉
Destroy Character〈删除角色〉	Set Skin Pose〈调整皮肤姿势〉
Lock/Unlock〈锁住与解锁〉	Assume Skin Pose〈还原姿势〉
Insert Character〈插入角色〉	Skin Pose Mode〈表面姿势模式〉
Save Character〈保存角色〉	

Animation〈动画〉	
IK Solvers〈反向动力学〉	Linear〈线性控制器〉
HI Solver〈非历史性控制器〉	Motion Capture〈动作捕捉〉
HD Solver〈历史性控制器〉	Noise〈噪波控制器〉
IK Limb Solver〈反向动力学肢体控制器〉	Quatermion(TCB)〈TCB 控制器〉
SplineIK Solver〈样条反向动力控制器〉	Reactor〈反应器〉
Constraints〈约束〉	Spring〈弹力控制器〉
Attachment Constraint〈附件约束〉	Script〈脚本控制器〉
Surface Constraint〈表面约束〉	XYZ〈XYZ 位置控制器〉
Path Constraint〈路径约束〉	Rotation Controllers〈旋转控制器〉
Position Constraint〈位置约束〉	Scale Controllers〈比例缩放控制器〉
Link Constraint〈连结约束〉	Add Custom Attribute〈加入用户属性〉
LookAt Constraint〈视觉跟随约束〉	Wire Parameters〈参数绑定〉
Orientation Constraint〈方位约束〉	Parameter Wiring Dialog〈参数绑定对话框〉
Transform Constraint〈变换控制〉	Make Preview〈创建预视〉
Position/Rotation/Scale〈PRS 控制器〉	View Preview〈观看预视〉
Transform Script〈变换控制脚本〉	Rename Preview〈重命名预视〉
Position Controllers〈位置控制器〉	
Audio〈音频控制器〉	
Bezier〈贝塞尔曲线控制器〉	
Expression〈表达式控制器〉	

续表

Graph Editors〈图表编辑器〉	MAXScript〈MAX 脚本〉
Track View-Curve Editor〈轨迹曲线编辑器〉 Track View-Dope Sheet〈轨迹图表编辑器〉 New Track View〈新建轨迹窗〉 Delete Track View〈删除轨迹窗〉 Saved Track View〈已存轨迹窗〉 New Schematic View〈新建示意观察窗〉 Delete Schematic View〈删除示意观察窗〉 Saved Schematic View〈显示示意观察窗〉	New Script〈新建脚本〉 Open Script〈打开脚本〉 Run Script〈运行脚本〉 MAXScript Listener〈MAX 脚本注释器〉 Macro Recorder〈宏记录器〉 Visual MAXScript Editer 〈可视化 MAX 脚本编辑器〉
Customize〈用户自定义〉	Rendering〈渲染〉
Customize〈定制用户界面〉 Load Custom UI Scheme〈加载自定义界面〉 Save Custom UI Scheme〈保存自定义界面〉 Revert to Startup Layout〈恢复初始界面〉 Show UI〈显示用户界面〉 Command Panel〈命令面板〉 Toolbars Panel〈浮动工具条〉 Main Toolbar〈主工具条〉 Tab Panel〈标签面板〉 Track Bar〈轨迹条〉 Lock UI Layout〈锁定用户界面〉 Configure Paths〈设置路径〉 Units Setup〈单位设置〉 Grid and Snap Settings〈栅格和捕捉设置〉 Viewport Configuration〈视窗配置〉 Plug-in Manager〈插件管理〉 Preferences〈参数选择〉	Render〈渲染〉 Environment〈环境〉 Effects〈效果〉 Advanced Lighting〈高级光照〉 Render To Texture〈贴图渲染〉 Raytracer Settings〈光线追踪设置〉 Raytrace Global Include/Exclude 〈光线追踪选择〉 Activeshade Floater〈活动渲染窗口〉 Activeshade Viewport〈活动渲染视窗〉 Material Editor〈材质编辑器〉 Material/Map Browser〈材质 / 贴图浏览器〉 Video Post〈视频后期制作〉 Show Last Rendering〈显示最后渲染图片〉 RAM Player〈RAM 播放器〉

3ds Max 软件常用快捷键列表

快 捷 键	功 能
F1	帮助
F2	加亮所选物体的面（开关）
F3	线框显示（开关）/ 光滑加亮
F4	在透视图中线框显示（开关）
F5	约束到 X 轴
F6	约束到 Y 轴
F7	约束到 Z 轴
F8	约束到 XY/YZ/ZX 平面（切换）
F9	用前一次的配置进行渲染（渲染先前渲染过的那个视图）
F10	打开渲染菜单
F11	打开脚本编辑器
F12	打开移动 / 旋转 / 缩放等精确数据输入对话框
`	刷新所有视图
1	进入物体层级 1 层
2	进入物体层级 2 层
3	进入物体层级 3 层
4	进入物体层级 4 层
Shift + 4	进入有指向性灯光视图
5	进入物体层级 5 层
Alt + 6	显示 / 隐藏主工具栏
7	计算选择的多边形的面数（开关）
8	打开环境效果编辑框
9	打开高级灯光效果编辑框
0	打开渲染纹理对话框
Alt + 0	锁住用户定义的工具栏界面

续表

快 捷 键	功 能
-(主键盘)	减小坐标显示
+(主键盘)	增大坐标显示
[	以鼠标点为中心放大视图
]	以鼠标点为中心缩小视图
'	打开自定义（动画）关键帧模式
\	声音
,	跳到前一帧
。	跳后前一帧
/	播放 / 停止动画
Space	锁定 / 解锁选择的
Insert	切换次物体集的层级（同 1、2、3、4、5 键）
Home	跳到时间线的第一帧
End	跳到时间线的最后一帧
Page Up	选择当前子物体的父物体
Page Down	选择当前父物体的子物体
Ctrl + Page Down	选择当前父物体以下所有的子物体
A	旋转角度捕捉开关（默认为 5°）
Ctrl + A	选择所有物体
Alt + A	使用对齐（Align）工具
B	切换到底视图
Ctrl + B	子物体选择 (开关)
Alt + B	视图背景选项
Alt + Ctrl + B	背景图片锁定（开关）
Shift + Alt + Ctrl + B	更新背景图片
C	切换到摄像机视图
Shift + C	显示 / 隐藏摄像机物体（Cameras）
Ctrl + C	使摄像机视图对齐到透视图
Alt + C	在 Poly 物体的 Polygon 层级中进行面剪切
D	冻结当前视图（不刷新视图）
Ctrl + D	取消所有的选择
E	旋转模式
Ctrl + E	切换缩放模式 （切换等比、不等比、等体积），同 R 键
Alt + E	挤压 Poly 物体的面

快 捷 键	功 能
F	切换到前视图
Ctrl + F	显示渲染安全方框
Alt + F	切换选择的模式（矩形、圆形、多边形、自定义）
Ctrl + Alt + F	调入缓存中所存场景（Fetch）
G	隐藏当前视图的辅助网格
Shift + G	显示 / 隐藏所有几何体（Geometry）
H	显示选择物体列表菜单
Shift + H	显示 / 隐藏辅助物体（Helpers）
Ctrl + H	使用灯光对齐（Place Highlight）工具
Ctrl + Alt + H	把当前场景存入缓存中（Hold）
I	平移视图到鼠标中心点
Shift + I	间隔放置物体
Ctrl + I	反向选择
J	显示 / 隐藏所选物体的虚拟框（在透视图、摄像机视图中）
K	打开关键帧
L	切换到左视图
Shift + L	显示 / 隐藏所有灯光（Lights）
Ctrl + L	在当前视图使用默认灯光（开关）
M	打开材质编辑器
Ctrl + M	光滑 Poly 物体
N	打开自动（动画）关键帧模式
Ctrl + N	新建文件
Alt + N	使用法线对齐（Place Highlight）工具
O	降级显示（移动时使用线框方式）
Ctrl + O	打开文件
P	切换到等大的透视图（Perspective）视图
Shift +P	隐藏 / 显示离子（Particle Systems）物体
Ctrl + P	平移当前视图
Alt + P	在 Border 层级下使选择的 Poly 物体封顶
Shift + Ctrl + P	百分比（Percent Snap）捕捉（开关）
Q	选择模式（切换矩形、圆形、多边形、自定义）
Shift + Q	快速渲染
Alt + Q	隔离选择的物体

续表

快 捷 键	功 能
R	缩放模式（切换等比、不等比、等体积）
Ctrl + R	旋转当前视图
S	捕捉网格（方式须自定义）
Shift + S	隐藏线段
Ctrl + S	保存文件
Alt + S	捕捉周期
T	切换到顶视图
U	改变到等大的用户（User）视图
Ctrl + V	原地克隆所选择的物体
W	移动模式
Shift + W	隐藏 / 显示空间扭曲（Space Warps）物体
Ctrl + W	根据框选进行放大
Alt + W	最大化当前视图（开关）
X	显示 / 隐藏物体的坐标（Gizmo）
Ctrl + X	专业模式（最大化视图）
Alt + X	半透明显示所选择的物体
Y	显示 / 隐藏工具条
Shift + Y	重做对当前视图的操作（平移、缩放、旋转）
Ctrl + Y	重做场景（物体）的操作
Z	放大各个视图中选择的物体
Shift + Z	还原对当前视图的操作（平移、缩放、旋转）
Ctrl + Z	还原对场景（物体）的操作
Alt + Z	对视图的拖放模式（放大镜）
Shift + Ctrl + Z	放大各个视图中所有的物体
Alt + Ctrl + Z	放大当前视图中所有的物体（最大化显示所有物体）

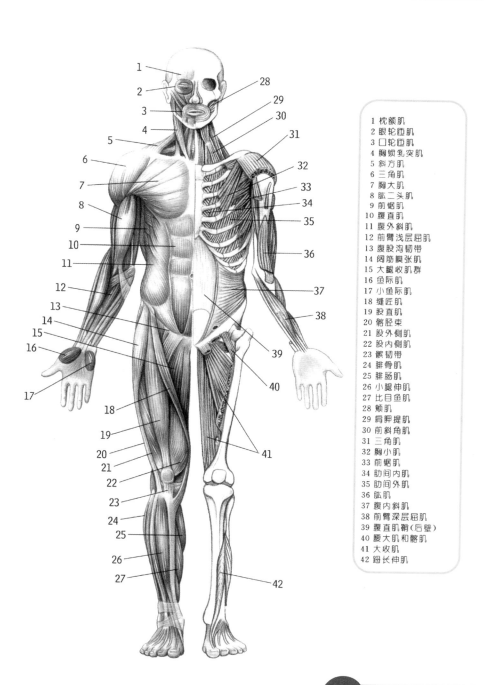

1 枕额肌
2 眼轮匝肌
3 口轮匝肌
4 胸锁乳突肌
5 斜方肌
6 三角肌
7 胸大肌
8 肱二头肌
9 前锯肌
10 腹直肌
11 腹外斜肌
12 前臂浅层屈肌
13 腹股沟韧带
14 阔筋膜张肌
15 大腿收肌群
16 鱼际肌
17 小鱼际肌
18 缝匠肌
19 股直肌
20 髂胫束
21 股外侧肌
22 股内侧肌
23 髌韧带
24 腓骨肌
25 腓肠肌
26 小腿伸肌
27 比目鱼肌
28 颊肌
29 肩胛提肌
30 前斜角肌
31 三角肌
32 胸小肌
33 前锯肌
34 肋间内肌
35 肋间外肌
36 肱肌
37 腹内斜肌
38 前臂深层屈肌
39 腹直肌鞘（后壁）
40 腰大肌和髂肌
41 大收肌
42 踋长伸肌